全国高职高专规划教材

生态影响评价技术

主　编　黎　劼

副主编　蔡建楠

中国环境出版社·北京

图书在版编目（CIP）数据

生态影响评价技术/黎劼主编. —北京：中国环境出版

社，2017.8

全国高职高专规划教材

ISBN 978-7-5111-3217-8

Ⅰ．①生…　Ⅱ．①黎…　Ⅲ．①环境生态评价—高

等职业教育—教材　Ⅳ．①X826.3

中国版本图书馆 CIP 数据核字（2017）第 129520 号

出 版 人　王新程
责任编辑　黄晓燕　　侯华华
责任校对　尹　芳
封面设计　宋　瑞

 更多信息，请关注
中国环境出版社
第一分社

出版发行　中国环境出版社
　　　　　（100062　北京市东城区广渠门内大街 16 号）
　　　　　网　　址：http://www.cesp.com.cn
　　　　　电子邮箱：bjgl@cesp.com.cn
　　　　　联系电话：010-67112765（编辑管理部）
　　　　　　　　　　010-67112735（第一分社）
　　　　　发行热线：010-67125803，010-67113405（传真）
印　　刷　北京中科印刷有限公司
经　　销　各地新华书店
版　　次　2017 年 8 月第 1 版
印　　次　2017 年 8 月第 1 次印刷
开　　本　787×960　1/16
印　　张　14.5
字　　数　260 千字
定　　价　31.00 元

前　言

　　本书是针对高职院校学生的特点，根据生产一线对环境影响评价技能岗位人才的要求，以实际应用为主，讲解生态影响评价技术，通过对典型案例的分析，针对性地训练，使学生掌握生态影响评价工作的分级、生态影响型项目工程分析的要点、生态现状调查与评价的方法、生态影响预测的方法和生态保护措施等，为学生将来从事具体环境影响评价工作打下基础。

　　《生态影响评价技术》教材适用范围较广，既可作为高职学生的教材使用，也可作为环境影响评价工作者的参考用书。

　　本书由广东环境保护工程职业学院黎劼担任主编，负责教材整体构思、统稿工作及教材的模块一生态影响评价等级与范围确定、模块三生态现状调查与评价及模块四生态影响预测与评价的编写工作。广东环境保护工程职业学院袁素芬负责模块五生态保护措施和模块七生态环境状况评价技术及案例分析的编写工作。中山市环境监测站蔡建楠担任副主编，负责教材的模块六典型项目的生态影响评价技术要点及案例分析的编写工作。深圳市汉宇环境科技有限公司刘敏俊负责模块二工程分析与生态影响因素分析的编写工作。

教材在编写过程中得到了陈泽宏、黄华的关心和支持。中国环境出版社对本书的编写和出版给予了大力的支持和帮助，在此一并致以深深的谢意。

　　由于编者水平有限，时间仓促，书中难免有错漏之处，望同行、读者批评指正。

编　者

2017 年 2 月 10 日

目　录

模块一 生态影响评价等级与范围的确定

一、生态影响评价概述

（一）生态影响评价基本概念

1. 生态影响

生态影响是指外力（一般指"人为作用"）作用于生态系统，导致其发生结构和功能变化的过程。即经济社会活动对生态系统及其生物因子、非生物因子所产生的任何有害的或有益的作用，影响可划分为不利影响和有利影响，直接影响、间接影响和累积影响，可逆影响和不可逆影响。

①直接生态影响是指经济社会活动所导致的不可避免的、与该活动同时同地发生的生态影响。例如，工程开发中对土地的占用会直接导致植被的破坏、物种栖息地的破坏等。

②间接生态影响是指经济社会活动及其直接生态影响所诱发的、与该活动不在同一地点或不在同一时间发生的生态影响。例如，工程开发中对土地的占用，可能会间接导致物种的减少、水土流失、土壤质量下降等。

③累积生态影响是指经济社会活动各个组成部分之间或者该活动与其他相关活动（包括过去、现在、未来）之间造成生态影响的相互叠加。

生态影响的特点主要表现在以下几个方面：

①累积性：生态影响常常是一个从量变到质变的过程，即生态系统在某种外力作用下，其变化起初是不显著的，或者不为人们所觉察与认识的，但当这种变化发生到一定程度时，就突然地、显著地或以出乎常人预料的结果显示出来。例如，草原退化是渐进的、缓慢的，但当退化到一定程度时，就以沙漠化甚至沙尘暴的形式

表现出来。

②区域性或流域性：即某一地区发生的生态恶化会殃及其他广大的地区。沙尘暴是大范围影响的灾害，土壤侵蚀发生的沙尘甚至可以漂洋过海，降落在异国他乡。四川西部高山峡谷区的森林砍伐，引发的洪水直达长江中下游。河流上一座小水坝，湖泊口一座拦门闸，其影响往往是全流域的，不仅洄游性水生生物受到影响，其他水生生物也因水文情势改变而受到影响。

③高度相关和综合性：这与生态因子间的复杂联系密切相关。例如，河流上修水库，不仅水库对外环境有重要影响，而且外环境对水库也有重要影响。上游的污染源会使水库水质恶化，上游流域的水土流失会增加水库的淤积，而水土流失又与植被覆盖紧密联系，所以水库区的森林与水、陆地与河流是高度相关的。此外，环境动态与自然资源的开发利用息息相关，所以生态影响不仅涉及自然问题，还常常涉及社会和经济问题。

由于有上述特点，环境生态影响也就具有了整体性的特点，即不管影响到生态系统的什么因子，其影响效应是系统整体性的。

2．生态影响评价

生态影响评价是对人类开发建设活动可能导致的生态影响进行分析与预测，并提出减少影响或改善生态问题的策略和措施。

例如，分析某生态系统的生产力和生态服务功能，分析区域主要的生态问题，评价污染的生态后果或某种开发建设行为的生态后果，都属于生态影响评价的范畴。

建设项目生态环境影响评价的主要目的是认识生态环境特点与功能，明确开发建设项目对生态环境影响的可能性、性质、程度和生态系统对影响的敏感程度，确定应采取的相应措施以维持区域生态环境功能和自然资源的可持续利用性。通过评价，可明确开发建设者的环境责任，同时为区域生态环境管理提供科学依据，也为改善区域生态环境提供建设性意见。

（二）生态影响评价技术导则

《环境影响评价技术导则　生态影响》（HJ 19—2011）是对《环境影响评价技术导则　非污染生态影响》（HJ/T 19—1997）的第一次修订。该标准自2011年9月1日起实施。

1. 适用范围

本标准规定了生态影响评价的一般性原则、方法、内容及技术要求。

本标准适用于建设项目对生态系统及其组成因子所造成影响的评价。区域和规划的生态影响评价可参照使用。

2. 评价原则

坚持重点与全面相结合的原则。既要突出评价项目所涉及的重点区域、关键时段和主导生态因子，又要从整体上兼顾评价项目所涉及的生态系统和生态因子在不同时空等级尺度上结构与功能的完整性。

坚持预防与恢复相结合的原则。预防优先，恢复补偿为辅。恢复、补偿等措施必须与项目所在地的生态功能区划的要求相适应。

坚持定量与定性相结合的原则。生态影响评价应尽量采用定量方法进行描述和分析，当现有科学方法不能满足定量需要或因其他原因无法实现定量测定时，生态影响评价可通过定性或类比的方法进行描述和分析。

（三）生态影响判定依据

（1）国家、行业和地方已颁布的资源环境保护等相关法规、政策、标准、规划和区划等确定的目标、措施与要求。

国家、行业和地方规定的标准：国家已发布的环境影响评价技术导则，行业发布的环境影响评价规范、规定、设计规范中有关生态保护的要求等。

规划确定的目标、指标和区划功能：重要生态功能区划及其详细规划的目标、指标和保护要求；敏感保护目标的规划、区划及确定的生态功能与保护界域、要求，如自然保护区、风景名胜区、基本农田保护区、重点文物保护单位等；城市规划区的环境功能区划及其保护目标与保护要求，如城市绿化率等；全国土壤侵蚀类型区划、地方水土保持区划；其他地方规划及其相应的生态规划目标、指标与保护要求等。

（2）科学研究判定的生态效应或评价项目实际的生态监测、模拟结果。

文献或专著中提及的相关研究结果。

（3）评价项目所在地区及相似区域生态背景值或本底值。

①区域土壤背景值、区域植被覆盖率与生物量、区域水土流失本底值等。有时，

也可选取建设项目进行前项目所在地的生态背景值作为参照标准，如植被覆盖率、生物量、生物种丰富度和生物多样性等。

②特定生态问题的限值。

③各侵蚀类型区土壤容许流失量、风蚀强度分级表、泥石流侵蚀强度分级表。

④土壤沙漠化按景观指征或生态学指征分为潜在沙漠化、正在发展中沙漠化、强烈发展中沙漠化和严重沙漠化等几个等级，表示沙漠化的不同程度，或按流沙覆盖度和植被覆盖度划分为强度沙漠化、中度沙漠化、轻度沙漠化等，均可作为生态影响评价的标准。

⑤生物物种保护中，也根据种群状态将生物分为受威胁、渐危、濒危和灭绝物种。

⑥以科学研究已证明的"阈值"或"生态承载力"作为标准。

（3）已有性质、规模以及区域生态敏感性相似项目的实际生态影响类比。

（4）相关领域专家、管理部门及公众的咨询意见。

二、生态影响评价等级和评价范围的确定

（一）评价工作分级依据

建设项目生态影响评价等级划分依据有两项：一是项目影响区域的生态敏感性；二是建设项目的占地规模。占地规模是包含项目永久占地和临时占地的总规模，占地类型不仅包含陆地，也包含水面。

（二）评价工作等级划分标准

建设项目生态影响评价工作等级划分为一级、二级和三级，具体划分标准见表 1-1。

表 1-1　生态影响评价工作等级划分表

影响区域生态敏感性	工程占地（水域）面积		
	面积≥20 km² 或长度≥100 km	面积 2～20 km² 或长度 50～100 km	面积≤2 km² 或长度≤50 km
特殊生态敏感区	一级	一级	一级
重要生态敏感区	一级	二级	三级
一般区域	二级	三级	三级

位于原厂界（或永久用地）范围内的工业类改扩建项目，可做生态影响分析（可不做生态影响评价）。

当工程占地（含水域）范围的面积或长度分别属于两个不同评价工作等级时，原则上应按其中较高的评价工作等级进行评价。改扩建工程的工程占地范围以新增占地（含水域）面积或长度计算。

在矿山开采可能导致矿区土地利用类型明显改变，或拦河闸坝建设可能明显改变水文情势等情况下，评价工作等级应上调一级。

【基本概念】

1. 影响区域界定

生态影响评价工作等级划分表中的"影响区域"包含"直接影响区"（工程直接占地区）和"间接影响区"（大于工程占地区域）的范围。对"受影响区"的范围的确定，需根据生态学专业知识进行初步判断，并通过生态影响评价过程予以明确。

2. 生态敏感区

（1）特殊生态敏感区，指具有极重要的生态服务功能，生态系统极为脆弱或已有较为严重的生态问题，如遭到占用、损失或破坏后所造成的生态影响后果严重且难以预防、生态功能难以恢复和替代的区域，包括自然保护区、世界文化和自然遗产地等。

1）自然保护区

自然保护区是指对有代表性的自然生态系统、珍稀濒危野生生物种群的天然生境地集中分布区、有特殊意义的自然遗迹等保护对象所在的陆地、陆地水体或者海域，依法划出一定面积予以特殊保护和管理的区域。

自然保护区往往是一些珍贵、稀有的动、植物种的集中分布区，候鸟繁殖、越冬或迁徙的停歇地，以及某些饲养动物和栽培植物野生近缘种的集中产地；具有典型性或特殊性的生态系统；也常是风光绮丽的天然风景区，具有特殊保护价值的地质剖面、化石产地或冰川遗迹、岩溶、瀑布、温泉、火山口以及陨石的所在地等。

中国的自然保护区可分为 3 大类：

① 生态系统类，保护的是典型地带的生态系统。例如，广东鼎湖山自然保护区，保护对象为亚热带常绿阔叶林；甘肃连古城自然保护区，保护对象为沙生植物群落；吉林查干湖自然保护区，保护对象为湖泊生态系统。

② 野生生物类，保护的是珍稀的野生动植物。例如，黑龙江扎龙自然保护区，

保护以丹顶鹤为主的珍贵水禽；福建文昌鱼自然保护区，保护对象是文昌鱼；广西上岳自然保护区，保护对象是金花茶。

③自然遗迹类，主要保护的是有科研、教育旅游价值的化石和孢粉产地、火山口、岩溶地貌、地质剖面等。例如，山东的山旺自然保护区，保护对象是生物化石产地；湖南张家界森林公园，保护对象是砂岩峰林风景区；黑龙江五大连池自然保护区，保护对象是火山地质地貌。

中国的自然保护区内部大多划分成核心区、缓冲区和外围区3个部分。

①核心区是保护区内未经或很少经人为干扰过的自然生态系统的所在，或者是虽然遭受过破坏，但有希望逐步恢复成自然生态系统的地区。该区以保护种源为主，又是取得自然本底信息的所在地，而且还是为保护和监测环境提供评价的来源地。核心区内严禁一切干扰。

②缓冲区是指环绕核心区的周围地区。只准进入从事科学研究观测活动。

③外围区，即实验区，位于缓冲区周围，是一个多用途的地区。可以进入从事科学试验、教学实习、参观考察、旅游以及驯化、繁殖珍稀、濒危野生动植物等活动，还包括有一定范围的生产活动，还可有少量居民点和旅游设施。

中国自然保护区分国家级自然保护区和地方级自然保护区，地方级又包括省、市、县三级自然保护区。

广东省的国家级自然保护区包括广东南岭国家级自然保护区、广东车八岭国家级自然保护区、广东丹霞山国家级自然保护区、广东内伶仃岛-福田国家级自然保护区、广东珠江口中华白海豚国家级自然保护区、广东湛江红树林国家级自然保护区、广东鼎湖山国家级自然保护区、广东像头山国家级自然保护区、广东惠东港口海龟国家级自然保护区、广东徐闻珊瑚礁国家级自然保护区、广东雷州珍稀水生动物国家级自然保护区。

广东省的省级自然保护区可以在 http://www.gdnr.org.cn/HRGK/index.asp 上查找。

2）世界文化和自然遗产地

1972 年 11 月 16 日，联合国教科文组织大会第 17 届会议在巴黎通过了《保护世界文化和自然遗产公约》（简称"世界遗产公约"）。

公约规定文化遗产为"从历史、艺术和科学观点来看具有突出普遍价值的建筑物、碑雕和碑画，具有考古性质成分或结构、铭文、窟洞以及联合体"，例如，中国的故宫；"从历史、艺术和科学角度看在建筑式样、分布均匀或环境风景结合方面具有突出的普遍价值的单立或连接的建筑群"；"从历史、审美、人种学或人类学角度看具有突出的普遍价值的人类工程或自然与人联合工程及考古地址等"，例如，中国的长城、秦始皇陵。文化遗产保护区包括历史建筑、历史名城、重要考古遗址和有永久纪念价值的巨型雕塑及绘画作品。

公约规定自然遗产为："从审美和科学角度看具有突出的普遍价值的由物质和生物结构或这类结构群组成的自然面貌"；"从科学或保护角度看具有突出的普遍价值的地质和自然地理结构以及明确划为受威胁的动物和植物生境区"；"从科学、保护或自然美角度看具有突出的普遍价值的自然景观或明确划分的自然区域"，例如，中国的三江并流、九寨沟、武陵源。自然遗产保护区包括国家公园和其他早已指定的物种保护区。

文化与自然双重遗产是指自然和文化价值相结合的遗产，例如，中国的泰山、黄山。

广东的开平碉楼与村落在2007年被评为世界文化遗产，中国丹霞2010年被评为世界自然遗产。

（2）重要生态敏感区，具有相对重要的生态服务功能或生态系统较为脆弱，如遭到占用、损失或破坏后所造成的生态影响后果较严重，但可以通过一定措施加以预防、恢复和替代的区域，包括风景名胜区、森林公园、地质公园、重要湿地、原始天然林、珍稀濒危野生动植物天然集中分布区、重要水生生物的自然产卵场及索饵场、越冬场和洄游通道、天然渔场等。

1）风景名胜区

风景名胜区，是指具有观赏、文化或者科学价值，自然景观、人文景观比较集中，环境优美，可供人们游览或者进行科学、文化活动的区域。

风景名胜区划分为国家级风景名胜区和省级风景名胜区。

广东的国家级风景名胜区包括：肇庆星湖风景名胜区、西樵山风景名胜区、丹霞山风景名胜区、白云山风景名胜区、惠州西湖风景名胜区、罗浮山风景名胜区、湖光岩风景名胜区、梧桐山风景名胜区。

2）森林公园

森林公园是指森林景观优美，自然景观和人文景物集中，具有一定规模，可供人们游览、休息或进行科学、文化、教育活动的场所，即经过修整可供短期自由休假的森林，或是经过逐渐改造使它形成一定的景观系统的森林。森林公园是一个综合体，它具有建筑、疗养、林木经营等多种功能，同时，也是一种以保护为前提利用森林的多种功能为人们提供各种形式的旅游服务的可进行科学文化活动的经营管理区域。

林业部主管全国森林公园工作。森林公园分为以下三级：国家级森林公园，省级森林公园，市、县级森林公园。

广东省国家级森林公园包括广东梧桐山国家森林公园（深圳市沙头角）、广东小坑国家森林公园（韶关市曲江区）、广东南澳海岛国家森林公园（汕头南澳县）、广东南昆山国家森林公园（惠州市龙门县）、广东南岭国家森林公园（韶关乳源县）、广东韶关国家森林公园（韶关市区）、广东新丰江国家森林公园（河源市东源县）、广东流溪河国家森林公园（广州市从化市）、广东东海岛国家森林公园（湛江市东海岛）、广东西樵山国家森林公园（佛山市南海区）、广东石门国家森林公园（广州市从化）、广东圭峰山国家森林公园（江门市新会区）、广东英德国家森林公园（清远市英德市）、广宁竹海国家森林公园（肇庆市广宁县）、广东北峰山国家森林公园（江门市台山市）、广东大王山国家森林公园（云浮市郁南县）、广东神光山国家森林公园（梅州市兴宁市）、广东御景峰国家森林公园（惠州市惠东县）、广东观音山国家森林公园（东莞市）。

3）地质公园

地质公园是以具有特殊地质科学意义，稀有的自然属性、较高的美学观赏价值，具有一定规模和分布范围的地质遗迹景观为主体，并融合其他自然景观与人文景观而构成的一种独特的自然区域。地质公园既为人们提供具有较高科学品位的观光旅游、度假休闲、保健疗养、文化娱乐的场所，又是地质遗迹景观和生态环境的重点保护区，地质科学研究与普及的基地。

地质公园分四级：县市级地质公园、省地质公园、国家地质公园、世界地质公园。世界地质公园是由联合国教科文组织组织专家实地考察，并经专家组评审通过，经联合国教科文组织批准的，广东丹霞山地质公园是世界级的地质公园。

广东省的国家地质公园有广东丹霞山国家地质公园（丹霞地貌命名地）、广东湛江湖光岩国家地质公园（火山地貌，马尔湖；古代人文，名人碑刻）、广东佛山西樵山国家地质公园（粗面质火山遗迹，明代采食遗迹，古文化遗址；佛家文化遗址）、广东阳春凌霄岩国家地质公园（岩溶地貌，地层及构造遗迹，古人类洞穴遗址；摩崖石刻，碑帖，民族风情）、广东恩平地热国家地质公园、广东封开国家地质公园、深圳大鹏半岛国家地质公园、广东阳山国家地质公园。

4）重要湿地

湿地在狭义上一般被认为是陆地与水域之间的过渡地带；广义上则被定义为"包

括沼泽、滩涂、低潮时水深不超过 6 m 的浅海区、河流、湖泊、水库、稻田等"。

按照广义定义湿地覆盖地球表面仅有 6%，却为地球上 20%的已知物种提供了生存环境，具有不可替代的生态功能，因此享有"地球之肾"的美誉。湿地是地球上具有多种独特功能的生态系统，它不仅为人类提供大量食物、原料和水资源，而且在维持生态平衡、保持生物多样性和珍稀物种资源以及涵养水源、蓄洪防旱、降解污染物、调节气候、补充地下水、控制土壤侵蚀等方面均起到重要作用。

"国际重要湿地公约"（又称"拉姆塞尔公约"）的全名是《关于特别是作为水禽栖息地的国际重要湿地公约》，是一个政府间的协定，该协定为湿地资源保护和利用的国家措施及国际合作构建了框架。中国目前被列入国际重要湿地的有 37 个，其中广东省内的有广东湛江红树林保护区、广东惠东港口海龟保护区、广东海丰公平大湖省级自然保护区。

5）原始天然林

天然林又称自然林，包括自然形成与人工促进天然更新或萌生所形成的森林。其特点是环境适应力强，森林结构分布较稳定，但成长时间较长。

原生林是未经开发利用，仍保持自然状态的森林，是森林演化的顶级群落，有丰富的物种，良好的森林结构和防护功能，有较强的自我恢复能力，具有较高的经济价值。

6）珍稀濒危野生动植物天然集中分布区

国家和地方分别发布保护名录明确受保护的区域，可供人们游览、休息或进行科学、文化、教育活动的场所。珍稀濒危野生动植物包括：

《国家重点保护野生动物名录》

《国家重点保护水生野生动物名录》

《国家保护的有益的或者有重要经济、科学研究价值的陆生野生动物名录》

《国家重点保护野生植物名录（第一批）》

《中国珍稀濒危植物名录》

《广东省重点保护野生陆生动物名录》

7）重要水生生物的自然产卵场及索饵场、越冬场和洄游通道

某些鱼类在生活史的不同阶段，对生命活动的条件具有其特殊要求，因此必须有规律的在一定时期集成大群，沿着固定线路做长短距离不等的迁移，以转换生活环境的方式满足它们对生殖、索饵、越冬所要求的适宜条件，并经过一段时期后又重返原地，鱼类的这种习性和行为叫作洄游（图 1-1）。鱼类的洄游可分为以下 3 种

类型:

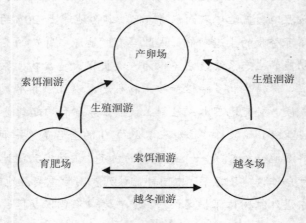

图 1-1　鱼类的洄游

①生殖洄游:当鱼类生殖腺发育成熟时,脑垂体和性腺分泌的性激素对鱼体内部就会产生生理上的刺激,促使鱼类集合成群,为实现生殖目的而游向产卵场所,这种性质的迁徙称为生殖洄游。生殖洄游具有集群大、肥育程度高、游速快、停止进食和目的远等特点。大多数海洋鱼类的生活史均在海洋中度过,它们的生殖洄游都是由远洋游向浅海,进行近海洄游。另外,青鱼、草鱼、鲢鱼、鳙鱼等终生生活在江河中的淡水鱼类,它们的生殖洄游是从江河下游及其支流上溯到中、上游产卵,其行程可长达 1 000～2 000 km。此外,鲥鱼、大马哈鱼、鲟鱼、大银鱼等海鱼,在生殖季节成群溯河进入我国黑龙江、长江及其支流中产卵。产于我国的鳗鲡和松江鲈鱼是从淡水游向海洋去繁殖的仅有的例子,这种洄游称为降河洄游。中华鲟是我国著名的溯河洄游产卵鱼类。中华鲟在我国黄河、东海和南海均有分布,尤以长江口附近为最多。每年 4—6 月由海洋入江作溯河生殖洄游。9—11 月到达长江上游产卵。产卵后亲鱼降河入海;幼鱼在河川浅水处生活,次年 6—7 月进入河口区并出海生长。

②索饵洄游:鱼类为追踪捕食对象或寻觅饵料所进行的洄游,称作索饵洄游。索饵洄游在结束繁殖期或接近性成熟的鱼群中表现得较明显而强烈,它们需要通过索食摄取和补充因生殖洄游和繁殖过程中所消耗的巨大能量,并且也为鱼类恢复体能、增强体质,以及积储大量营养物以供生长、越冬和性腺再次发育的需要。

③越冬洄游:当秋季气温下降影响水温时,鱼类为寻求适宜水温常集结成群,从索饵的海区或湖泊中分别转移到越冬海区或江河深处,这种洄游叫越冬洄游。鱼

类进入越冬区后，即潜至水底或埋身淤泥内，体表被有一层黏液，暂时停止进食，很少活动，降低新陈代谢，以度过寒冷的冬季。

生殖洄游、索饵洄游和越冬洄游是鱼类生活周期中不可缺少的环节，但是三者又以各自的特定和不同目的而互相区别。洄游为鱼类创造最有利于繁殖、营养和越冬的条件，是保证鱼类维持生存和种族繁衍的适应行为，而这种适应是长期进化过程中形成并由遗传性固定而成为本能的。

8）天然渔场

渔场是指的鱼类或其他水生经济动物密集经过或滞游的具有捕捞价值的水域，随产卵繁殖、索饵育肥或越冬适温等对环境条件要求的变化，在一定季节聚集成群游经或滞留于一定水域范围而形成在渔业生产上具有捕捞价值的相对集中的场所。

（3）一般区域，除特殊生态敏感区和重要生态敏感区以外的其他区域。

（三）评价工作等级判定步骤

实际工作中，应按照如下步骤参照表1-1中的依据进行评价工作等级的划分。

1. 确定工程的占地情况

评价等级的划分首先需要确定工程的占地情况，包括涉及的陆域、水域、永久性占地、临时性占地等。划分评价等级主要参照占地面积的大小，或者对线性工程项目（如铁路、公路等）参照工程长度按表2-1的规定进行。

2. 判断工程所在区域的生态敏感性

根据工程所在区域生态服务功能、生态系统脆弱程度以及相关规划等判定区域的生态敏感性，在此基础上参照表2-1的规定进行评价工作等级的划分。

3. 依据工程相关情况进行评价工作等级的调整

评价工作等级按表2-1的规定划分后，尚需要根据工程相关情况决定是否进行相应的调整。当工程占地（含水域）范围的面积或长度分别属于两个不同评价工作等级时，原则上应按其中较高的评价工作等级进行评价；改扩建工程的工程占地范围按新增占地（含水域）面积或长度计算；在矿山开采可能导致矿区土地利用类型明显改变，或拦河闸坝建设可能明显改变水文情势等情况下，评价工作等级应上调一级。

【例】某矿山项目生态影响评价工作分级

依据《环境影响评价技术导则　生态影响》(HJ 19—2011) 的 4.2 条的评价工作分级标准及其根据的项目选址的区位和周围环境条件，认为本项目评价因子主要属生物群落（植被）变化的一般区域，虽用地面积小于 2 km^2，属 3 级评价，但本项目为矿山开采将导致矿区土地利用类型有明显改变，根据 4.2.3 条应将其生态影响评价工作等级上调一级，即定为 2 级，以利于对环境改变分析和恢复提供更详细的信息数据和措施。

三、生态影响评价工作范围

（一）评价工作范围确定的基本原则

（1）生态影响评价应能够充分体现生态完整性，涵盖评价项目全部活动的直接影响区域和间接影响区域。也就是说，生态因子之间互相影响和相互依存的关系是划定评价范围的原则和依据；开发建设项目生态影响评价的范围主要根据评价区域与周边环境的生态完整性确定，生态系统的完整性是按其类型特征（如植被类型或土地利用类型）或地理特征的相对完整性鉴别的；应包括建设项目工程活动的全部直接影响的地域和间接影响所及的范围。

（2）评价工作范围应依据评价项目对生态因子的影响方式、影响程度和生态因子之间的相互影响和相互依存关系确定。即评价范围应能阐明建设项目所涉及或影响的生态系统的整体性特征及其与周围其他生态系统的联系，包括物种交流、物质交流等。

（3）可综合考虑评价项目与项目区的气候过程、水文过程、生物过程等生物地球化学循环过程的相互作用关系，以评价项目影响区域所涉及的完整气候单元、水文单元、生态单元、地理单元界限为参照边界。

（二）评价工作范围确定的方法

（1）有行业要求、规范或导则的，可参照行业要求、导则或规范所规定的评价范围。

例如：

1）交通运输类

公路：按路线中轴线各向外延伸 300～500 m；

铁路：线路两侧各 300 m；

水上线路：江河类包括所经汇河段的全河段及其沿江陆地；

海上线路：主航线向两侧延伸 500 m；

站场：机场周际外延 5 km，码头区周际外延 3～5 km。

2）煤炭开采

二、三级项目应综合考虑煤炭井工或露天开采地表沉陷及地下水的影响范围，一般以矿区及矿区边界外 500～2 000 m 作为评价范围。

一级项目要从生态完整性的角度出发，凡是由于矿产开采直接和间接引发生态影响问题的区域均应进行评价。

3）石油天然气开采

区域性开采项目：

一级评价范围为建设项目影响范围并外扩 2～3 km（影响区边界涉及敏感区部分外扩 3 km）；

二级评价范围为建设项目影响范围并外扩 2 km；

三级评价范围为建设项目影响范围并外扩 1 km。

线状建设项目：

一级评价范围为油气集输管线两侧各 500 m 带状区域；

二、三级评价范围为油气集输管线（油区道路）两侧各 200 m 带状区域。

4）水利水电类

二、三级项目以库区为主，兼顾上游集水区域和下游水文变化区域的水体和陆地；

一级项目要对库区、集水区域、水文变化区域（甚至含河口和河口附近海域）进行评价。此外，要对施工期的辅助场地进行评价。

（2）无行业导则的开发建设项目生态影响评价范围，评价人员可以根据专业知识或通过专家咨询，根据工程实际及可能的影响确定评价范围。

【思考题】

1. 根据《环境影响评价技术导则 生态影响》，位于原厂界（或永久用地）范围内的工业类改扩建项目，其生态影响评价等级为（ ）。

2. 某拟建工程的建设会影响到世界自然遗产地,工程占地仅为 0.8 km², 根据《环境影响评价技术导则 生态影响》,此工程的生态影响工作等级为 ( )。

3. 某拟建公路长 100 km, 占用人工林、荒地、部分耕地、建设用地, 根据《环境影响评价技术导则 生态影响》,此公路的生态影响工作等级为 ( )。

4. 某拟建公路长 100 km, 部分路段占用人工林、荒地, 部分路段占用某森林公园, 根据《环境影响评价技术导则 生态影响》,此公路的生态影响工作等级为 ( )。

5. 某拟建水库占地面积 2 km², 影响区域涉及部分原始天然林, 根据《环境影响评价技术导则 生态影响》,此工程的生态影响工作等级为 ( )。

6. 某工程的建设可能影响到自然保护区, 工程占地 10 km², 根据《环境影响评价技术导则 生态影响》,此工程的生态影响工作等级为 ( )。

7. 某拟建公路长 60 km, 部分路段占用人工林、荒地, 部分路段会影响到某风景名胜区, 根据《环境影响评价技术导则 生态影响》,此公路的生态影响工作等级为 ( )。

8. 某拟建项目永久占地 1.8 km²、临时占地 0.7 km², 该项目会影响到某地质公园, 根据《环境影响评价技术导则 生态影响》,此项目的生态影响工作等级为 ( )。

9. 某扩建项目, 原项目占地 5 km², 扩建项目新增占地 1.6 km², 该改扩建项目会影响到附近某天然渔场, 根据《环境影响评价技术导则 生态影响》,此项目的生态影响工作等级为 ( )。

10. 某拟建矿山开采项目占地 18 km², 需占用部分人工次生经济林和耕地, 该矿山开采项目会导致耕地无法恢复, 根据《环境影响评价技术导则 生态影响》,此项目的生态影响工作等级为 ( )。

模块二　工程分析与生态影响因素分析

一、工程分析

工程分析的实质是确定环境影响源及源强，以及影响的性质、方式、范围，影响程度的初步估算。对生态影响评价来说，生态影响源就是确定工程占地（含永久占地和临时占地）的土地类型及各类型土地的面积，以及施工方案和营运方案、工程内容。

生态影响类建设项目工程分析的基本内容包括工程概况、项目初步论证、影响源识别、环境影响识别、环境保护方案等几个方面，详见表 2-1。

表 2-1　生态影响类建设项目工程分析的基本内容

工程分析项目	工作内容	基本要求
工程概况	工程选址、项目组成、施工和营运方案、工程布置示意图、比选方案等	工程组成全面，突出重点工程
项目初步论证	论证与法律法规、产业政策、环境政策和相关规划符合性，总图布置和选址选线合理性等	从宏观方面进行论证，必要时提出替代或调整方案
影响源识别	工程行为识别、污染源识别、重点工程识别等	从工程本身的环境影响特点进行识别，确定项目环境影响的来源和强度
环境影响识别	生态影响识别、社会环境影响识别、环境污染识别等	应结合项目自身环境影响特点、区域环境特点和具体环境敏感目标综合考虑
环境保护方案分析	施工和营运方案合理性、工艺和设施的先进性和可靠性、环境保护措施的有效性、环保设施处理效率合理性和可靠性、环境保护投资合理性	从经济、环境、技术和管理方面来论证环境保护方案的可行性

(一) 工程分析的内容

(1) 项目所处的地理位置、工程的规划依据和规划环评依据、工程类型，项目组成、占地规模、总平面及现场布置

由于工程占地与生态影响有直接关系，是工程的生态影响"源"，所以生态影响必须关注工程占地情况，一般包括永久占地和临时占地。在工程分析时应给出永久占地和临时占地的位置、类型、占用不同类型土地的面积。工程占地涉及基本农田、基本草原、耕地、森林时应特别指出。

临时占地包括取土场、弃土场、砂石料场、物料堆放场等各类站场，以及施工营地、运输便道等。对临时占地应予以特别关注，因为临时占地可以进一步优化，在工程结束后需进行土地整治与生态恢复，而且是工程竣工环境保护验收生态调查的重要内容。

当涉及敏感保护目标时，工程分析应调查敏感生态保护目标的基本情况，在此基础上说明工程与敏感保护目标的位置关系。当然，在工程分析的同时，应首先解决项目与保护目标关系的合法性问题。如果工程征占保护目标的用地，则需说明征占的位置、面积或穿越的线路长度。

工程组成要全面，应包括临时性、永久性、勘查期、施工期、运营期和退役期的所有工程，重点工程突出，对环境影响范围大、影响时间长的工程和处于环境保护目标附近的工程应重点分析。工程组成一般按主体工程、配套工程和辅助工程，如表2-2所示。

表2-2　工程分析的对象分类

工程组成		内容
主体工程		指永久性工程，由项目确定工程主体
配套工程	公用工程	除服务于本项目外，还服务于其他项目
	环保工程	主体功能是生态保护、污染防治、节能减排的工程
	储运工程	原辅材料、产品与副产品的储存和运输道路
辅助工程		一般指施工期的临时工程

【例】某水泥厂的矿山开采项目

· 地理位置

矿区位于封开县城区北东 55°方向，属封开县莲都镇管辖。其地理坐标为：东经 111°48′44″～111°53′20″，北纬 23°34′46″～23°39′40″。

· 项目组成和占地面积

矿区总平面布置内容主要由采矿场、开拓运矿道路、矿山工业场地等组成。白沙矿区占地面积约 450 hm^2，为南北分布的长条形，有简易道路连接 S266 省道。

矿山工业场地在矿山西面 S266 省道东侧，主要有矿山办公室、机电汽维修、综合材料库、洗车台、厕所和露天停车场等，占地面积 6.0 hm^2（包含连接道路面积），拟修建长约 200 m、960 m 混凝土道路分别与省道 S266、石灰石破碎车间相连。

破碎车间位于矿山西侧，占地面积约 0.44 hm^2，现状为石灰窑场地。

运矿道路主要衔接破碎车间及开采场，长度 1 466 m。

（2）施工方式、施工时序、运行方式

工程分析时段应涵盖勘查期、施工期、运营期和退役期，以施工期和运营期为调查分析的重点。

施工期往往是生态影响最突出的时段，应进行施工方案的分析，包括施工时序、施工布局、施工工艺等。一般应给出施工布局图、工艺流程图等图件，分析是否采用先进实用、有利于减少污染或有利于保护生态的施工工艺。通过对施工方案的分析，根据其可能造成的不利环境影响，提出进一步优化施工方案的要求或建议。

营运期的生态影响与营运方案有关，而不同类型的项目，营运方式差别很大。所以在工程分析时，应首先弄清楚建设项目的营运方案。所以在工程分析时，应首先弄清建设项目的营运方案。

（3）替代方案、工程总投资与环保投资、设计方案中的生态保护措施等

凡涉及敏感生态保护目标的项目，一定要进行工程建设选址选线方案的比选。如工程可行性研究报告给出比选方案，除进行工程经济技术比选外，环境影响评价则应重点从环境影响方面进行比选方案与推荐方案的论证，从中选出最优方案。

生态保护措施一般包括预防、最小化、减量化、修复、重建、异地补偿、人工改造等。某些建设项目，在工程可行性研究或初步设计中包含一些生态建设或保护方面的内容，如水土保持措施。在生态影响评价时，应分析这些生态保护措施的有效性，并根据评价结果提出优化调整或进一步整改措施，以使生态保护措

施更加有效。

（二）工程分析的重点

根据评价项目自身特点、区域的生态特点以及评价项目与影响区域生态系统的相互关系，确定工程分析的重点，主要应包括：

1. 可能产生重大生态影响的工程行为

例如，建设项目工程施工时的"三场"（取土场、弃土场、砂石料场）会大量地占用土地，由此直接导致植被的破坏，并有可能引起水土流失，这种工程行为即可能产生重大生态影响。

另外，如公路建设项目的分割效应，即公路的分割使景观破碎，将自然生境切割成孤立的块状，使生境岛屿化，使生活在其中的生物不能在更大的范围内求偶与觅食，不利于生物多样性保护。穿越生态敏感区的公路路段也可能是产生重大生态影响的工程行为。

2. 与特殊生态敏感区和重要生态敏感区有关的工程行为

例如，交通运输线路长，会穿越各种生态系统，其中不可避免地涉及生态敏感区，若选线直接穿过敏感区，则其分割效应、噪声扰动、大气污染、人员进入增加，对区内的影响很大；若选线在界外擦边而过，其诱导效应和迫近效应也会对敏感区产生影响，如动植物资源的盗猎偷采、土地受到蚕食、区内生境恶化等。

3. 可能产生间接、累积生态影响的工程行为

例如，水利水电项目中库区的蓄水，淹没区的有机物会进入水体，使水体中的营养物质增加，产生富营养化；库区淤积问题，河流来水的泥沙在水库中沉积，水库逐渐淤积变浅，缩短水库寿命。这些都是可能产生间接、累积生态影响的工程行为。

4. 可能造成重大资源占用和配置的工程行为

例如，跨流域调水、蓄水发电会造成水资源的占用、水资源配置的改变。

另如，矿业开发需要占用土地资源，土地利用类型的改变，森林生态系统因为开矿破坏植被而发生根本性变化。

二、生态影响因素分析

（一）生态影响识别

生态影响识别是在初步调查的基础上，将开发建设活动的作用与生态系统的现状和特点结合起来做综合分析的第一步，目的是明确主要作用因素和受影响的主要生态系统和生态因子，从而筛选出评价工作的重点内容和重点评价因子。

生态影响识别包括 3 个方面：影响因素识别，即识别作用主体；影响对象识别，即识别作用受体；影响效应识别，即识别影响作用的性质、程度等。生态影响识别一般以列表清单法或矩阵表达，并辅之以必要的文字说明，如表 2-3 所示。

表 2-3　某水电建设项目环境影响识别矩阵

			自然环境												社会环境			
								陆生生物		水生生物									
			水文	泥沙	水质	水温	大气质量	珍稀动植物	森林	鱼类	珍稀水生生物	库岸稳定	水土流失	土地占用	农业发展	人群健康	居住环境	景观
工程作用因素	施工	对外交通					-S	-S	-S					-G	-S	+S		-S
		场地布置及库底清理		-S	-G		-S	-S	-G	-S			-S	-S	-S			-S
		大坝施工		-S	-S		-S	-S	-S	-S	-S		-S	-S	-S			-G
		施工机械					-S	-S	-S					-S			-G	
		施工生活		-S			-S	-S								-G		
		开挖		-S	-S		-S					-S	-G	-S			-S	-S
	运行	蓄水淹没	-S	-S	-S	-S		-S	-S	+G	+G	-S	-S	-G	-G	-S	-S	+G
		库水消落	-S	-S						-S	-S						-S	
		泄流			+G	-G				-S	-S		-S		+S	-S		
		水量调蓄	-G		-S	-G				+G	+S		-S					+G
	移民	房屋及道路建设					-S	-S	-S				-G	-G	+S	-S	+G	+S
		土地利用						-S	-G				-S	-G	-G			

注：“+”表示正影响；“–”表示负影响；“S”表示轻微影响；“G”表示重大影响。

1. 影响因素识别

影响因素识别主要是识别影响主体，即开发建设项目的识别。目的是明确主要作用因素，识别要点包括以下 3 个方面：

①内容全面：包括主体工程、所有辅助工程（如施工辅道、作业场所、储运设施等）、公用工程和配套设施建设。

②全过程识别：包括施工期、运营期、服务期满后（如矿山闭矿、渣场封闭、设施退役等）。

③识别主要工程及其作用方式：主要影响环境的工程组成，如公路的桥、隧、取弃土场等；作用方式如集中作用点与分散作用点、长期作用与短期作用、物理作用或化学作用等。

2. 影响对象识别

影响对象识别主要是对受体即主要受影响的生态系统和生态因子的识别。识别的内容包括以下几点：

①生态系统及其主导因子：如生态系统类型、组成要素、特点、所起作用或主要环境功能，主要限制性环境因子。

②生态敏感保护目标及重要生境：敏感保护目标如自然保护区、风景名胜区、森林公园、饮用水水源保护区、重要自然遗迹和人文遗迹等；重要生境包括天然林、天然海岸、潮间带滩涂、河口和河口湿地、湿地与沼泽、红树林与珊瑚礁、污染的天然溪流、河道、自然性较高的草原、草山、草坡等。

③自然资源：如水资源、耕地（尤其是基本农田保护区）资源、特产地与特色资源、景观资源以及对区域可持续发展有重要作用的资源。

④景观：自然、人文遗迹与风景名胜。

3. 影响效应识别

影响效应识别主要对作用主体作用于作用受体后可能产生的生态效应进行识别，主要包括：

①影响性质：即正负影响、可逆与不可逆影响、可否恢复或补偿、有无替代方案、短期与长期影响、积累性影响与非积累性影响等。

②影响程度：即影响范围的大小、持续时间的长短，影响发生的剧烈程度，受

影响的生态因子的多少，是否影响到生态系统的主要组成因子等。

③影响的可能性：即发生影响的可能性与概率，如极小可能、可能、很可能等。

（二）生态影响因素分析

通过环境影响因素识别表（实际上就是建立工程有关建设内容——主体工程、附属工程、配套工程、公用工程，甚至环保工程，以及施工、营运方式与环境影响对象的相互关系表）等技术手段，将所有工程活动的各方面环境影响识别清楚，全面做到评价内容不漏项，通过工程与环境关系的初步分析、判断，确定评价的主要内容，并确定评价的重点。

生态影响评价因子筛选是在环境影响识别的基础上进行的，目的是建立可行的评价工作方案。在生态影响评价因子的筛选中应注意把握以下要点：

明确拟评价的主要生态因子。所选择的评价因子应具有代表性，能够反映生态系统的特点、性状、动态和功能优势，并且可以测量和操作。不同的生态系统可能有完全不同的评价因子。例如，森林生态系统可能选覆盖率、生物量、物种组成和重要的保护性动植物；农业生态系统可能选耕地、基本农田、土壤肥力因子等；城市生态系统则可能选绿化指标、城市景观等。

判断可能的影响程度。可参照文献或工作经验，大体判断生态影响的程度。

法规要求的评价因子必须包括在内。

【例】某公路项目的生态影响分析
主体工程施工期影响分析

主体工程的路基、路面、桥涵、路线交叉等施工期间路基填方、挖方特别是高填深挖路段使沿线征地范围的植被遭到破坏，农田被侵占、地表裸露，使沿线地区的局部生态结构发生一定的变化。路基地面裸露时被雨水冲刷造成水土流失，降低土壤的肥力，影响陆地生态系统的稳定性，主体工程施工期生态影响见表2-4。

表2-4　主体工程施工期生态影响

序号	工程项目	生态影响分析	影响性质和程度
1	路基	植被破坏，农田侵占，路基裸露水土流失	一般是不可逆的，影响较大
2	填方	填压植被、植物和农田，易产生水土流失，对一些天然径流产生阻隔影响	产生的边坡可恢复植被，水土流失可可控制，高填路段影响较大

序号	工程项目	生态影响分析	影响性质和程度
3	挖方	破坏地貌和植被，易产生水土流失及地质灾害，深挖路段施工易造成地下水水量减少，影响植被的生长	产生的石质边坡不易恢复植被，深挖路段对地下水影响
4	路面	减缓水土流失	无不利影响
5	桥梁	影响水生生态，河岸或坡岸植物和植被遭到破坏，易产生水土流失及地质灾害	暂时影响，通过生态补偿、恢复措施后影响可控
6	涵洞	易产生水土流失	暂时影响，可生态恢复，影响较小
7	隧道	隧道口植被和植物破坏，弃渣水土流失，可能使地下水水量减少及阻隔地下水，影响植被和居民用水	对隧道口破坏不可逆，但影响较小，渣场可恢复；地下水需要判别地质条件
8	互通立交	征地范围的植被和植物遭到破坏，农田被侵占，易产生水土流失	可进行生态恢复，影响较小
9	服务、管理设施	植被和植物破坏，农田被侵占，水土流失	可进行生态恢复，影响较小

【实训项目】

试编制矿产资源开采项目的环境影响识别矩阵图。

某矿山开采项目的环境影响识别矩阵图

工程作用因素		土地资源		气候资源		水资源		生物资源		人文资源	
	施工										
	运行										
	闭矿										

模块三　生态现状调查与评价

一、生态现状调查

（一）生态现状调查要求

生态现状调查是生态现状评价、影响预测的基础和依据，调查的内容和指标应能反映评价工作范围内的生态背景特征和现存的主要生态问题。在有敏感生态保护目标（包括特殊生态敏感区和重要生态敏感区）或其他特别保护要求对象时，应做专题调查。

生态现状调查应在收集资料基础上开展现场工作，生态现状调查的范围应不小于评价工作的范围。

一级评价应给出采样地样方实测、遥感等方法测定的生物量、物种多样性等数据，给出主要生物物种名录、受保护的野生动植物物种等调查资料；

二级评价的生物量和物种多样性调查可依据已有资料推断，或实测一定数量的、具有代表性的样方予以验证；

三级评价可充分借鉴已有资料进行说明。

（二）生态现状调查内容

1. 生态背景调查

（1）生态系统调查

重点调查项目影响范围内生态系统类型、结构、功能及其演替趋势。具有特殊保护意义生态系统应重点调查，包括生态系统赖以生存与发展的基本条件（限制因子）的调查、生态系统重要组成成分的调查，以及国际或国家、地方规定的保护要求。

（2）基本生态因子调查

根据生态影响的空间和时间尺度特点，调查影响区域内相关的非生物因子特征（如气候、土壤、地形地貌、水文及水文地质等）。项目占地区及周边评价范围内的地势地貌、土地利用，土壤类型及肥力、局地气候、河流水系特征调查，项目建设可能影响的主要植物及植被分布调查，野生动物调查。

在陆生生态系统调查中，植被调查始终是一个重点。植被有自然植被与人工植被之分，其中自然植被的调查尤为重要，因为它关系到生物多样性的保护，可能涉及尚未认识的生物种。植物调查可利用地图、航片、卫片提供的信息，但现场踏勘是不可缺少的，而且还需要进行样方调查，以获得定量概念。植被调查是一个数量与质量相结合的调查过程，即不但应调查指标的类型、各类植被的分布、面积，建群种与优势种等内容，而且还需调查盖度、生长情况、生物生产力等；不但调查现状，还应调查其历史状况及受人干扰的演变情况。

（3）自然资源调查

自然资源量的调查，包括农业资源、气候资源、海洋资源、矿产资源、土地资源等的储藏情况和开发利用情况。

在生态环境影响评价中，水土资源和动植物资源的调查也十分重要，因为它涉及社会经济稳定和可持续发展的问题。资源调查也应本着质和量相结合的原则进行。例如，各类土地资源不仅有面积、人均拥有量等数量概念，还有结构、肥分、有机质等质量指标；水也有水资源量和水质两类指标；植物资源也同样有数量多少和质量好坏之别。耕地和草原都按照一定的指标划分为不同的等级。

2. 敏感保护目标调查

如涉及国家级和省级保护物种、珍稀濒危物种和地方特有物种时，应逐个或逐类说明其类型、分布、保护级别、保护状况等。

如涉及特殊生态敏感区和重要生态敏感区时，应逐个说明其类型、等级、分布、保护对象、功能区划、保护要求等。

3. 主要生态问题调查

调查影响区域内已经存在的制约本区域可持续发展的主要生态问题，如水土流失、沙漠化、石漠化、盐渍化、自然灾害、生物入侵和污染危害等，指出其类型、成因、空间分布、发生特点等。针对主要生态问题分析其产生的原因，以利于提出解决问题的对策、措施。

（三）生态现状调查方法

1. 资料收集法

收集现有的能反映生态现状或生态背景的资料，从表现形式上分为文字资料和图形资料，从时间上可分为历史资料和现状资料，从收集行业类别上可分为农业、林业、牧业、渔业和环保部门，从资料性质上可分为环境影响报告书、有关污染源调查、生态保护规划、规定、生态功能区划、生态敏感目标的基本情况以及其他生态调查材料等。使用资料收集法时，应保证资料的现时性，引用资料必须建立在现场校验的基础上。从各部门可能收集到的资料如下：

（1）环保部门

生态功能区划、水环境功能区划、环境空气质量功能区划、环境噪声标准适用区域的划分，生态环境现状调查报告、自然保护区调查与规划建设方面的技术资料、地方环境质量报告书、污染源调查报告书、有关其他项目的环境影响评价报告书、有关图件等。

（2）林业部门

项目区森林资源状况及森林分类经营区划，重点保护野生动物名录或管理办法，归口管理的有关自然保护区的数据资料及有关图件等。

（3）水利部门

项目区的主要河流及其基本情况及功能、开发利用现状与农田水利建设情况、水土流失区划与水土流失治理情况，地方比较成熟有效的水土保持措施、工程所在区域的土壤侵蚀模数等的数据及图件资料。

（4）农业、渔政管理部门

农业区划、土壤类型、化肥及农药等的使用情况，主要农作物的类型与产量，重点保护水生野生动物或水域类自然保护区情况。

（5）国土部门

国土开发利用规划、基本农田保护建设与保护、土地复垦要求、国土区划、地质环境等方面的资料与图件。

（6）规划部门

城市发展总体规划、区域开发建设规划图件等。

（7）发改委

国民经济发展计划、规划、重点项目建设规划、生态市建设规划等。

2．现场勘查法

现场勘查应遵循整体与重点相结合的原则，在综合考虑主导生态因子结构与功能的完整性的同时，突出重点区域和关键时段的调查，并通过对影响区域的实际踏勘，核实收集资料的准确性，以获取实际资料和数据。

3．其他方法

（1）专家和公众咨询法

专家和公众咨询法是对现场勘查的有益补充。通过咨询有关专家，收集评价工作范围内的公众、社会团体和相关管理部门对项目影响的意见，发现现场踏勘中遗漏的生态问题。专家和公众咨询应与资料收集和现场勘查同步开展。

（2）生态监测法

当资料收集、现场勘查、专家和公众咨询提供的数据无法满足评价的定量需要，或项目可能产生潜在的或长期累积效应时，可考虑选用生态监测法。生态监测应根据监测因子的生态学特点和干扰活动的特点确定监测位置和频次，有代表性地布点。生态监测方法与技术要求须符合国家现行的有关生态监测规范和监测标准分析方法；对于生态系统生产力的调查，必要时需现场采样、实验室测定。

（3）遥感调查法

当涉及区域范围较大或主导生态因子的空间等级尺度较大，通过人力踏勘较为困难或难以完成评价时，可采用遥感调查法。遥感调查过程中必须辅助必要的现场勘查工作。

二、动植物名录编写

动植物名录系统记录了地区的动物和植物种类，并按照分类系统进行排列。

动物的分类系统和拉丁文学名可查询中国动物主题数据库 http://www.zoology. csdb.cn/。

植物的分类系统和拉丁文学名可查询中国植物志网站 http：//frps.plantphoto. cn/pdf.asp。

动植物名录格式：

某矿山选址的陆生脊椎动物名录

本名录是根据实地环境调查和访问，及有关资料而编写，记录了规划区及周边的野生脊椎动物约有 7 目 20 科 34 属 42 种；其中两栖类 1 目 3 科 4 属 6 种；爬行类 1 目 5 科 10 属 11 种；鸟类 3 目 9 科 16 属 20 种；兽类 2 目 3 科 4 属 5 种。有虎纹蛙 *Rana Tigrina* 国家 II 级保护动物 1 种。

（一）两栖纲　AMPHIBIA

　　　无尾目　Anura

　　　　　　　　　　蟾蜍科　Bufonidae

黑眶蟾蜍　　　　　　*Bufo melanostictus* Schneidr

　　　　　　　　　　雨蛙科　Hylidae

华南雨蛙　　　　　　*Hyla simplex* Boettger

　　　　　　　　　　蛙科　Ranidae

花臭蛙　　　　　　　*Odorrana schmackeri* Boetter

弹琴蛙　　　　　　　*Rana adenopleura* Boulenger

沼蛙　　　　　　　　*Rana guentheri* Boulenger

虎纹蛙　　　　　　　*Rana tigrina* Wiegmann

（二）爬行纲　REPTILIA

　　　有鳞目　Lacertiformes

　　　　　蜥蜴亚目　Lacertilia

　　　　　　　　　鬣蜥科　Agamidae

变色树蜥　　　　　　*Calotes versicolor*　Daudin

　　　　　　　　　　壁虎科　Gekkonidae

壁虎　　　　　　　　*Gekko chinensis* Gray

　　　　　　　　　　石龙子科　Scincidae

石龙子　　　　　　　*Eumeces chinensis* Gray

蝘蜓　　　　　　　　*Lygosoma indicum* Gray

        蜥蜴科　Lacertidae

南草蜥　　　　　　　　　　　　*Takydromus sexlineatus*

    蛇亚目　Serpentes

        游蛇科　Colubridae

三索锦蛇　　　　　　　　　　　*Elaphe radiata* Schlegel

黑眉锦蛇　　　　　　　　　　　*Elaphe taeniura* Cope

中国水蛇　　　　　　　　　　　*Enhydris chinensis* Gray

草游蛇　　　　　　　　　　　　*Natrix stolata* Linnaeus

滑鼠蛇　　　　　　　　　　　　*Ptyas mucosus* Linnaeus

乌梢蛇　　　　　　　　　　　　*Zaocys dhumnades* Cantor

（三）鸟纲　AVES

    鸡形目　Galliformes

        雉科　Phasianidae

鹧鸪　　　　　　　　　　　　　*Francolinus pintadeanus* Scopoli

    佛法僧目　Coraciiformes

        翠鸟科　Alcedinidae

普通翠鸟　　　　　　　　　　　*Alcedo atthis bengalensis* Gmelin

斑鱼狗　　　　　　　　　　　　*Ceryle rudis* Linnaeus

    雀形目　Passeriformes

        燕科　Hitundinedae

家燕　　　　　　　　　　　　　*Hirundo rustica gutturalis* Scopoli

        鹡鸰科　Motacillidae

田鹨　　　　　　　　　　　　　*Anthus novaeseelandiae* Richmond

灰鹡鸰　　　　　　　　　　　　*Motacilla cinerea robusta* Brehm

        鹎科　Pycnonotidae

红耳鹎　　　　　　　　　　　　*Pycnontus jocosus* Linnaeus

白头鹎　　　　　　　　　　　　*Pycnontus sinensis* Gmelin

黄臀鹎（白头翁）　　　　　　　*Pycnontus xanthorrhous*

        伯劳科　Laniidae

棕背伯劳　　　　　　　　　　　*Lanius schach* Linnaeus

        鸫科　Turdidae

鹊鸲	*Copsychus saularis* Linnaeus
紫啸鸫	*Myiophoneus caeruleus* Scopoli
灰背鸫	*Turdus hortulorum* Sclater
乌鸫	*Turdus merula* Linnaeus

画眉科　Timaliidae

白眶雀鹛	*Alcippe morrisonia* Swinhoe
画眉	*Garrulax canorus* Linnaeus
黑领噪鹛	*Garrulax picticollis*
红头穗鹛	*Stachyris ambigua* Harington

雀科　Fringilliidae

| 麻雀 | *Passermontanus malaccensis* Dubois |
| 凤头鹀 | *Emberiza latham* |

（四）哺乳纲　MAMMALIA

翼手目　Chiroptera

蝙蝠科　Vespertilionidae

| 普通伏翼蝠 | *Pipistrellus abuamus* Temminck |

啮齿目　Rodentia

松鼠科　Sciuridae

| 隐纹花松鼠 | *Tamiops swinhoeimaritimus* Bonhote |

鼠科　Muridae

黄胸鼠	*Rattus flavipectus* Milne Edwards
社鼠	*Rattus confucianus*
褐家鼠	*Rattus norvegicus* Berkenhout

某矿山选址的维管植物名录

本名录根据野外调查总结，记录矿山用地和周边区的常见的野生维管植物约55科128属173种；其中蕨类植物7科7属11种，裸子植物1科1属2种；被子植物47科120属160种（双子叶植物41科88属118种，单子叶植物6科32属42种）。

"*"为栽培种。

"√"为受本项目影响的种类。

（一）蕨类植物　Pteridophyta

       里白科　Gleicheniaceae

✓ 芒萁   *Dicranopteris dichotoma*（Thunb.）　Bernh.

       海金沙科　Lygodiaceae

✓ 海金沙   *Lygodium japonicum*（Thb.）　Sw.

✓ 小叶海金沙   *Lygodium scandens*（L.）　Sw.

       鳞始蕨科　Lindsaeaceae

✓ 乌蕨   *Stenoloma chusanum*（L.）　Ching

       凤尾蕨科　Pteridaceae

✓ 半边旗   *Pteri semipinnata* L.

✓ 蜈蚣草   *Pteri vittata* L.

       铁线蕨科　Adiantaceae

✓ 铁线蕨   *Adiantum caudatum* L.

✓ 扇叶铁线蕨   *Adiantum flabelluatum* L.

       金星蕨科　Thelypteridaceae

✓ 毛蕨   *Cyclosorus gongylodes*（Schk.）　Link

✓ 华南毛蕨   *Cyclosorus parasiticus*（L.）　Farw.

       乌毛蕨科　Blechnaceae

✓ 乌毛蕨   *Blechnum orientale* L.

（二）种子植物门

      裸子植物亚门　Gymnospermae

       松科　Pinaceae

✓ *马尾松   *Pinus massoniana* Lamb.

✓ *湿地松   *Pinus elliottii* Engelm.

      被子植物亚门　Angiospermae

      双子叶植物　Dicotyledoneae

      番荔枝科　Annonaceae

✓ 假鹰爪（酒饼叶）   *Desmos chinensis* Lour.

       樟科　Lauraceae

✓ 阴香   *Cinamomum burmannii*（C.C.et Nees）　Bl.

✓ 乌药   *Lindera aggregata*（Sims）　Kost.

✓ 山苍子	*Litsea cubeba*（Lour.）Pers.	
✓ 潺槁树	*Litsea glutinosa* Sm.	
✓ 豺皮樟	*Litsea rotundifolia* var.*oblongifolia*（Nees）Allen	

……

……

单子叶植物 Monocotyledoneae

百合科 Liliaceae

✓ 山管兰	*Dianella ensifolia*（L.）DC.
✓ 土麦冬	*Liriope graminifolia*（L.）Baker

菝葜科 Smilacaceae

✓ 菝葜	*Smilax china* Linn.
✓ 土茯苓	*Smilax glabra* Roxb

【基本概念】物种命名

1. 生物的分类等级

分类学根据生物之间相同、相异的程度与亲缘关系的远近，使用不同等级特征，将生物逐级分类。整个分类系统，由大到小有界（Kingdom）、门（Phylum）、纲（Class）、目（Order）、科（Family）、属（Genus）、种（Species）七个分类等级。

有时为了更精确地表达种的分类地位，还可将原有的等级进一步细分，常常是在原有等级名称之前或之后加上总（Super-）或亚（Sub-）。如总目（Superorder）、亚目（Suborder）、总纲（Superclass）、亚纲（Subclass）等名称。为此，一般采用的分类等级如下：

界（Kingdom）

门（Phylum）

亚门（Subphylum）

总纲（Superclass）

纲（Class）

亚纲（Subclass）

总目（Superorder）

目（Order）

亚目（Suborder）

总科（Superfamily）

科（Family）

亚科（Subfamily）

属（Genus）

亚属（Subgenus）

种（Species）

亚种（Subspecies）

例如：

界	动物界	植物界
门	脊索动物门	木兰植物门
纲	哺乳纲	单子叶植物纲
目	食肉目	莎草目
科	犬科	禾本科
属	犬属	玉蜀黍属
种	狼	玉米

2. 物种的概念

物种是生物在自然界中存在的一个基本单位，以种群的方式存在，占有一定的生境，同一物种个体的形态基本一致，如有差别，其差异在遗传是连续的，个体之间可以杂交并产生能育的后代，它们享有一个共同的基因库，与其他物种之间由生殖隔离分割开。

物种是分类系统中最基本的等级，它与其他分类等级不同，纯粹是客观性的，有自己相对稳定的明确界限，可以与别的物种相区别。当前地球上生存的物种，是物种长期历史发展过程中，通过变异、遗传和自然选择的结果。种与种间在历史上连续的，但种又是生物连续变化中一个间断的单元，是一个繁殖的群体，具有共同的遗传组成，能生殖出和自身基本相似的后代。物种是变的又是不变的，是连续的又是间断的。变是绝对的，是物种发展的根据，不变是相对的，是物种存在的根据。

形态相似（特征分明、特征固定）和生殖隔离（杂交不育）是物种不变的一面，所以为鉴定物种的依据。

3. 物种的命名

（1）双名法

国际上统一规定了物种的命名方法，即"双名法"。"双名法"是由瑞典人林奈于 1753 年创立的。

　　每一个物种都有一个学名，这个学名是由两个拉丁字或拉丁化的文字所组成。前面一个字是该物种的属名，后面一个字是它的种本名。属名用主格单数名词，第一个字母要大写；后面的种本名用形容词或名词等，第一个字母无须大写，两个词都需使用斜体。学名之后，还可附加当初定名人的姓氏，姓氏无须使用斜体。如狼的学名 *Canis lupus*、意大利蜂的学名 *Apis mellifera* Linnaeus、苹果的学名 *Malus pumila* Mill.。

　　（2）三名法

　　种下的分类单位,常用的有亚种、变种和变型 3 个等级。亚种(Subspecies,subsp.)是种内发生比较稳定变异的类群，在地理上有一定的分布区。变种（Varietas，var.）是种内发生比较稳定变异的类群，它与原种有相同的分布区，它的分布范围比起亚种要小得多。变型（Forma，fo.）是有形态变异，分布没有规律，而是一些零星分布的个体。品种（Cultivar，cv.）是人类在生产实践中，经过人工培育而成的，它们具有某些生物学特性，而不是自然界中的野生植物。

　　三名法是种下等级中的亚种、变种和变型所采用的命名方法。拉丁名的主体是属名+种加词+亚种、变种或变型加词，三者均需使用斜体。在种加词之后，要分别加上亚种（subsp.）、变种（var.）、变型（fo.）的缩写词，以表示该植物的分类等级，最后要附上亚种、变种或变型的命名人的姓名缩写。如戈壁针茅（亚种）*Stipa tianschanica* subsp. *gobica* D.F.Cui，百合（变种）的学名 *Lilium brownie* var. *viridulum* Baker，白花野火球（变型）*Trifoloium lupinaster* fo. *albiflorum* P.Y.Fu et Y.A.Chen。

三、植物群落调查

　　开展植物群落和植被研究时，一般不可能对全部植被或整片群落进行全面的调查和分析，因此有必要从所要研究的群落中选取一定范围的群落地段进行研究。如何以较少的人力、物力和时间，最大限度地获得有关信息，并以此对整个群落的组成结构进行分析，即所谓取样技术，在现实工作中就有了很重要的意义。群落取样包括代表地段的选取或确定、样地设置方法及面积大小等，要根据群落类型、群落分析目的等的不同而不同。目前，植物群落常用的取样技术包括样地取样法和无样地取样法。

通常样地确定的代表群落地段，是由一个或若干个取样单位构成，即称为"样地"或"样方"的分离或连续的群落片段。具体的要求之一是取样的个体群丛必须是一致的，尽管就群落生态学来说，绝对的一致性是不存在的，但应尽可能地排除不一致性。因此，常规的取样，其样地不应当选置在跨两个土壤类型上。同时，在地形上的变化也必须是最小的，尤其不宜设置在一个群落交错区上，哪怕是它的一部分重叠也会在分析上造成影响，除非是研究群落交错区或其他目的。而决定在什么地方取样、怎样取样和取什么样之前，对群落进行初步观察或路线踏查是非常必要的。

（一）工具和材料

根据观测方案，准备相应的仪器、设备、工具，包括森林罗盘仪、经纬仪（全站仪）、全球定位系统（GPS）定位仪、50 m 卷尺、5 m 卷尺、胸径尺、锤子、记录夹、记录纸、记录笔、油漆刷、铅笔、橡皮、标本夹、测高杆、便携式激光测距仪等。

根据观测任务，准备相应的材料和防护用品，包括样方顶点的固定标记物如水泥桩，标记植物个体的标牌，分割样方的绳子如简易塑料绳，标记植物个体用不锈钢钉及韧性好、易操作、抗风化的材料如细铝丝、钢丝等，红油漆，松香油，PVC管，手套等。

（二）样地形状

观测样地的形状一般为正方形，称为样方。但边际影响是引起误差的原因之一，所以也有使用样圆以减少这种误差，特别是在针对草本群落时，样圆是较为适宜的。但是几乎所有的研究者都认为就相同的面积而言，矩形的样地，通常称为样带或样条，优于等径形状的样方和样圆，因为只需少数的样地，仍能较好地代表整个群落，而长度 16 倍于宽度的样地比长度较小的样地更为有效，尤其是在使矩形的长轴与群落内的主要环境变化梯度相平行的情况下，效果更好（图 3-1）。

（三）样地面积

样地大小应能够反映集合群落的组成和结构。样地的大小和形状通常是根据被调查群落的特点和性质确定的，与植物的个体大小和密度也密切相关。最小面积又称为最小代表面积，因为群落的特征需要一定的面积才能够表现出来，能够表现群落基本特征的最小面积就是最小面积。

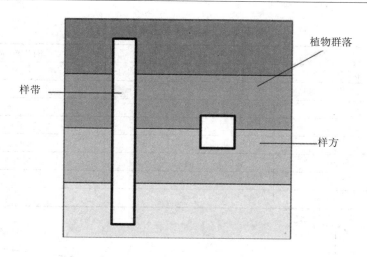

图 3-1 样方和样带

最小面积通常采用绘制群落的种-面积曲线来确定。具体方法是，开始使用小样方（草本群落用 10 cm×10 cm，灌木群落用 20 cm×20 cm，乔木群落用 1 m×1 m），随后用一组逐渐成倍扩大的巢式样方（图 3-2）逐一调查每个样方，统计每个样方内的植物种数（表 3-1），然后以种的数目为纵坐标，样方面积为横坐标，绘制种-面积曲线（图 3-3）。此曲线开始陡峭上升，而后水平延伸，有时会再次上升。曲线开始平伸的一点所对应的面积即群落取样的最小面积，也可以将 85%的种出现的面积作为群落取样的最小面积，它可以作为样方大小的初步标准。

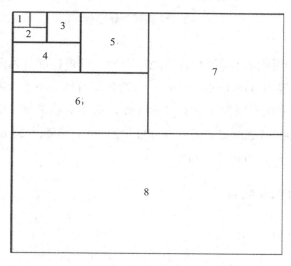

图 3-2 巢式样方示意

表 3-1　巢式样方记录表

顺序	面积/m²	物种数/种
1	1	
2	2	
3	4	
4	8	
5	16	
6	64	
7	128	
8	256	

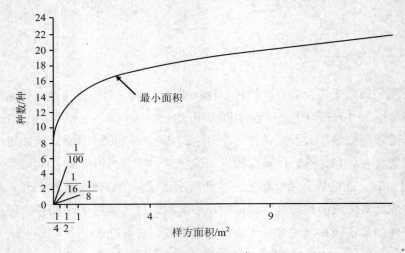

图 3-3　种-面积曲线示意

群落的最小面积随群落类型和具体地带而异。以森林群落为例，海南岛沟谷热带雨林最小面积一般为 4 000～5 000 m²，山地热带雨林不小于 2 400 m²，南亚热带常绿阔叶林的最小面积一般为 1 200～1 600 m²，而南亚热带次生山地常绿阔叶林的最小面积一般为 800～1 200 m²，灌木林 400～600 m²，草灌丛 25 m² 或草丛 4 m² 等，人工林根据需要可设为 400～800 m²。

（四）样方面积及数量

1. 样方面积

样方的大小和形状通常是根据被调查群落的特点和性质确定的，与植物的个体大小和密度也密切相关。一般情况下，森林群落中样方可设置为 10 m×10 m 或 20 m×20 m，灌木群落中样方可设置为 5 m×5 m 或 10 m×10 m，草地群落样方可设置为 1 m×1 m。

2. 样方数量

生物个体集群分布，各样方个体数离散程度较大，即数据方差较大，则需抽取的样方数量较多；反之，生物个体均匀分布，样方个体数离散程度较小，即数据方差较小，则需抽取的样方数量较少。

一般来说，估算的准确性有赖于样地的数量和质量，但是，由于人力和时间的原因，调查的样地数目不是越多越好，为了能确切反映群落的基本特征，样地数目所合计成的总面积应稍大于群落最小面积。

（五）取样方法

样地的排列或布置有 4 种主要的方法，可根据调查的目的和群落实际情况而加以选用。

①代表性样地：样地被主观的设置在具有代表性的地段或某些特殊的地点上。

②随机取样：随机确定样地的方法很多，通常可在两条相互垂直的轴上，根据成对的随机数字来确定样地的位置；或者通过罗盘在任一方向上，以随机步程法来确定样地的地点，然后改变方向，再重复进行。至于随机数字的获得，可用抽签法或随机数表法（图 3-4）。

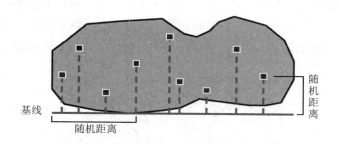

图 3-4　随机取样

③规则取样：梅花形取样、对角线取样、方格法取样等都属于规则取样（或称系统取样）方法。在群落调查中，就是使样地以相等的间隔占满整个群落；或者在

群落内设置几条等距离的样带,然后把样地以相等的间距安排在这些样带上(图 3-5、图 3-6)。

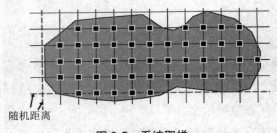

图 3-5　系统取样

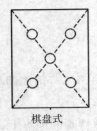
棋盘式

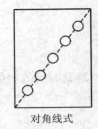
对角线式

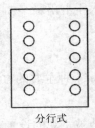
分行式

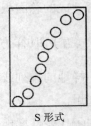
S 形式

图 3-6　常用的规则取样方法

④分层取样:被调查的植物单元有时由于地形、人为干扰等原因,在整体上呈现出很大的不齐性。这时进行取样调查,往往会由于取样单元间的巨大变差而影响调查结果,使用分层取样法就可减少这种误差。该方法一般分为以下步骤:把调查对象划分为若干部分,称为层次,这样划分的结果,使原来不齐性的总体,划分成较小的部分内具有相当齐性的各层;在各部分(层次)内抽取一定数量的样品(图 3-7)。

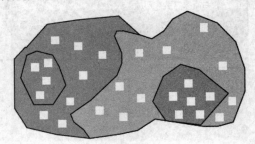

图 3-7　分层随机取样

（六）样方的建立

1. 森林群落

（1）胸径（DBH）大于 1 cm 乔木和灌木植物观测

在选定建立观测样地的位置，用森林罗盘仪确定样地的方向（一般是正南北方向）和基线，然后用经纬仪（全站仪）将样地划分为 20 m×20 m 样方；记录测量点之间的水平距、斜距和高差；对每个样方的顶点编号并永久标记；最后，用卷尺、测绳或便携式激光测距仪将每个 20 m×20 m 样方划分为 5 m×5 m 小样方作为胸径（DBH）大于 1 cm 乔木灌木的基本观测单元；观测任务完成后将这些临时标记全部移除，并做无害化处理，如图 3-8 所示。

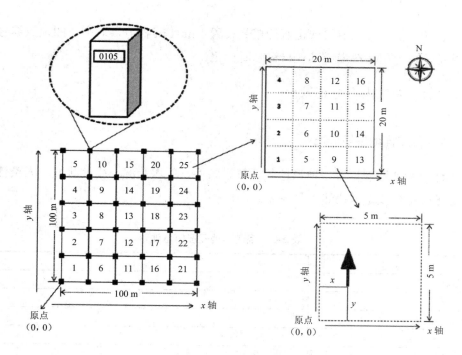

图 3-8　森林观测样地设置及个体定位示意

（2）草本植物及 DBH 小于 1 cm 乔木和灌木植物观测

在每个 20 m×20 m 样方内随机或系统设置一个 1 m×1 m 样方，用于草本植物及 DBH 小于 1 cm 乔木和灌木植物观测；对 1 m×1 m 样方顶点编号并永久标记，边界用塑料绳临时标记。

2. 灌丛群落

在选定的位置，用森林罗盘仪、测绳、卷尺或便携式激光测距仪确定 10 m×10 m 样地的方向（一般是正南北方向）和基线，并将样地划分为 5 m×5 m 小样方，作为灌木植物观测的基本单元；对 10 m×10 m 样方的顶点编号并永久标记，对 5 m×5 m 小样方顶点和边界用塑料绳或其他材料临时标记。

在 5 m×5 m 样方及 10 m×10 m 样方中心分别设置一个 1 m×1 m 样方，用于灌丛草本植物观测，并对 1 m×1 m 样方顶点编号并永久标记，边界用塑料绳或其他材料临时标记。

3. 草地

在选定的位置用卷尺或定制的模具设置 1 m×1 m 样方，对样方的顶点编号并永久标记，边界用塑料绳或其他材料临时标记。

（七）调查内容与记录

1. 观测样地生境概况

样地所处地理位置、地形地貌、气候条件、土壤状况、植被状况、人类活动状况等进行定性或定量描述，见表 3-2。

表 3-2　观测样地概况信息调查

类目	内容
观测单位	
观测者	
观测日期	
观测样地名称	
观测样地代码	
观测样地类型	森林（　）　　灌丛（　）　　草地（　）
地理位置	____省（市、自治区）____县____乡（镇）____村 经度：_____ 纬度：_____
观测样地建立时间	

类目		内容
气候条件		
地形地貌	海拔	
	地貌状况	
	坡度	
	坡向	
	坡位	
土壤状况	土壤类型	
	土壤母质	
	土壤剖面特征	
植被状况	区域植被类型	
	群落类型	
	群落层次结构及各层优势物种	
	演替阶段	
动物活动状况		
人为干扰活动类型和强度		

2. 植物观测内容

（1）对胸径 DBH 大于 1 cm 乔木、灌木植物的观测内容

包括植物个体标记、定位，胸径、冠幅、枝下高测量，物候期、个体生长状态观测，以及物种鉴定等，见表 3-3。

表 3-3　森林样地胸径大于 1 cm 乔木和灌木植物记录

样地名称：＿＿＿样地代码：＿＿＿＿＿样地大小：＿＿＿＿＿　20 m×20 m 样方号：＿＿＿＿＿总盖度：＿＿＿＿

观测者：＿＿＿＿记录者：＿＿＿＿＿录入者：＿＿＿＿＿＿观测日期：＿＿＿年＿＿月＿＿日

5 m×5 m 样方号	标牌号	中文名	学名	枝干级别	胸径/cm	胸径位置/m	X-坐标/m	Y-坐标/m	冠幅SN/m	冠幅EW/m	枝下高/m	物候期	生长状态	备注

5 m×5 m 样方号	标牌号	中文名	学名	枝干级别	胸径/cm	胸径位置/m	X-坐标/m	Y-坐标/m	冠幅SN/m	冠幅EW/m	枝下高/m	物候期	生长状态	备注

说明：

1）枝干级别：表示枝干的级别类型，0—主干，1—第一分支，2—第二分支，依此类推。

2）生长状态：表示主干或分枝生长的状态，包括如下类型：A—枝干存活、正常、无折断枯梢；L—主干存活、但倾斜；Q—枝干活，1.3 m 以上折断；X—枝干活，从 1.3 m 以下折断；W—枝干活，1.3 m 以上枯梢；XW—枝干活，从 1.3 m 以下干枯；S—立枯；C—倒枯；T—只找到树牌、树缺失；N—树牌和树均未找到；P—枝干活、找到原树，但树牌遗失；SP—立枯，找到原树，但树牌遗失；CP—倒枯，找到原树，但树牌遗失。

3）枝下高即干高，是指树干上最大分枝处的高度，这一高度大致与树冠的下缘接近，干高的估测与树高相同。

（2）对胸径 DBH 小于 1 cm 乔木、灌木植物的观测内容

在 1 m×1 m 样方中观测，内容包括植物个体标记、定位，基径、高度、冠幅测量，主干叶片数、根萌数、根萌叶片数的观测，生长状态观测，单个种盖度、样方总盖度的估计，见表 3-4。

表 3-4　森林样地胸径小于 1 cm 乔木和灌木观测记录

样地名称：_____　样地代码：_____　植物群落名称：_____　样地大小：_____

观测者：_____　记录者：_____

样方号	标牌号	中文名	学名	X-坐标/m	Y-坐标/m	基径/cm	高度	冠幅SN/m	冠幅EW/m	主干叶片数	根萌数	根萌叶片数	种盖度	样方总盖度	物候期	生长状态	日期	备注

说明：

1）生长状态：指乔木、灌木的生长状态，包括如下类型：A—生长健康、枝干正常；W—枯梢；B—枝干折断。

2）根萌：从植物个体根部萌蘖产生的枝条。

3）根萌数：根萌枝条的个数。

4）根萌叶片数：根萌枝条上叶片的数量。

5）主干叶片数：植物个体主干所承载的叶片的数量。

（3）草本植物的观测内容

在 1 m×1 m 样方中观测，观测内容包括物种名称、多度、平均高度和冠幅、物候、生活力、种盖度、样方总盖度等，见表 3-5。

表 3-5 草本植物种类组成调查记录

样地名称：_____ 样地代码：_____ 1 m×1 m 样方号：_____ 植物群落名称：_____

观测者：_____ 记录者：_____ 观测日期：____年____月____日

序号	中文名	学名	多度	平均高度/m	平均冠幅 SN/m	平均冠幅 EW/m	种盖度/%	样方总盖度/%	物候期	生活力	备注

填写说明：

1）维管植物的冠幅是指投影在地面东西和南北两个方向冠幅宽度的平均值，观测是测量东西方向冠幅宽度（冠幅 EW）和南北方向冠幅宽度（冠幅 SN）。

2）维管植物生活力分为三个等级，判别依据主要根据观测者的实地目测：

强：植物发育良好，枝干发达，叶子大小和色泽正常，能结实或有良好的营养繁殖。

中：植物枝叶的发育和繁殖能力都不是很强，或者营养生长虽然较好但不能正常结实繁殖。

弱：植物达不到正常的生长状态，显然受到抑制，甚至不能结实。

3）维管植物盖度包括总盖度、种群盖度和个体盖度，其中：

①总盖度是指一定样地面积内所有生长的植物覆盖地面的百分率，实际观测中，总盖度数据通常根据经验目测获得。

②种群盖度指同种植物所有个体的覆盖地面的百分率。

（八）调查数据整理与统计

1. 群里调查数据计算

数据整理时，将野外所调查的原始资料条理化，并演算出一些反映群落特征的数量指标。

（1）多度和相对多度

多度：物种 i 的个体数目。

$$相对多度=\frac{物种i的个体数}{所有物种的总个体数}×100\%$$

（2）密度和相对密度

$$密度=\frac{物种i的个体数}{样地面积}×100\%$$

$$相对密度=\frac{物种i的密度}{所有种的密度之和}×100\%$$

相对多度和相对密度，都用以表示某个种群在群落中的丰富程度。

（3）频度和相对频度

频度是指一个种在一定地区内的特定样方中出现的机会，它不仅反映出每种植物在群落中的密度，而且还反映出个体在群落中的分布格局。它的数值跟样方大小有关，记录频度值时需说明样方大小。

$$频度=\frac{物种i出现的样地数}{所调查的样地总数}×100\%$$

$$相对频度=\frac{物种i的频度}{所有种的频度之和}×100\%$$

（4）盖度和相对盖度

基盖度（乔木）：植物基部的覆盖面积（树木胸高 1.3 m 的断面积）

$$相对盖度（相对显著度-乔木）=\frac{物种i所有个体的胸高断面积之和}{所有种个体的胸高断面积之和}×100\%$$

投影盖度（灌草层）：植物地上部分垂直投影面积

$$相对盖度（灌草层）=\frac{物种i的所有个体的垂直投影面积之和}{所有种个体的垂直投影面积之和}×100\%$$

（5）重要值

重要值是较全面地反映种群在群落中的地位和作用的一个综合性指标，重要值越大的物种，在群落中的优势度越大。

重要值=相对多度（或相对密度）+相对显著度（相对盖度）+相对频度

（6）多样性指数

多样性指数是反映群落丰富度和均匀度的综合指标，多样性指数越大，群落物种的多样性越高。

Shannon-Weiner 多样性指数，公式如下：

$$H = -\sum_{i=1}^{s} P_i \log_2 P_i$$

式中：P_i 为物种 i 的个体数/所有物种的个体之和。

（7）生物量和生长量

根据《海南岛生态环境质量分析与综合评价》一书中提供的经验公式

木本层的生物量：

$$B_{mf}=0.000\ 033\ 96D^2H$$

式中：B_{mf} 为生物量（t·干重）；D 为胸高直径（cm）；H 为树高（m）。

木本层的生长量：

$$B_g=0.000\ 010\ 246\ (D^2H)^{0.625\ 3}$$

式中：B_g 为生长量（t·干重/a）；D 为胸高直径（cm）；H 为树高（m）。

灌草层的生物量：

$$W=11.280\ 71\ (HC)^{1.471\ 231}$$

式中：W 为生物量（t/hm²）；H 为草本或灌木的平均高度（m）；C 为植被的盖度。

表 3-6　各种群落的生物量和生产量

群落	总生物量/（t/hm²）	生产量/[t/（hm²·a）]
鹤山马尾松林	108.77	6.52
鹤山湿地松林	102.26	6.63
鹤山大叶相思林	96.89	7.61
鹤山马占相思林	124.23	9.69
小良桉树林	42.75	4.3
鹤山乡土混交林	103.3	8.56
黑石顶天然林	357.98	29.61
热带雨林	450	22
热带季雨林	350	16

2．群落调查数据表格

将上述各指标计算出来后，整理成一个数据表格，如表 3-7 所示。

表 3-7 群落调查数据统计

样方面积：＿＿＿＿＿＿＿＿＿＿ 样方数量：＿＿＿＿＿＿＿＿＿＿ 样地位置：＿＿＿＿＿＿＿＿＿＿

群落类型：＿＿＿＿＿＿＿＿＿＿ 群落名称：＿＿＿＿＿＿＿＿＿＿＿＿＿＿＿＿

乔木层								
种号	种名	平均		株数	相对值/%			重要值
		高度/m	胸径/cm		多度/密度	显著度	频度	

灌草层							
种号	种名	高/m	盖度/%	频度/%	相对高度	相对盖度	相对频度	重要值

生物量/（t/hm²）：＿＿＿＿＿＿ ；生长量/[t/（hm²·a）]＿＿＿＿＿＿ ；多样性 $H=$

【基本概念】种群

1. 种群的定义和基本特征

种群是指一定空间中生活的同种生物全部个体的组合。种群是由同种个体组成的，占有一定领域，是同种个体通过种内关系组成的一个统一体或系统。

种群虽然由同种个体组成，但种群内的个体不是孤立的，也不等于个体的简单相加，而是通过种内关系组成一个有机的整体。种群是物种在自然界存在的基本单位，也是物种进化的基本单位；种群又是生物群落的基本组成单位。

自然种群有 3 个基本特征，分别是：

①空间特征，即种群具有一定的分布区域；

②数量特征，每单位面积（或空间）上的个体数量是变动的；

③遗传特征，种群具有一定的基因组成，系一个基因库，以区别于其他物种，但基因组成同样是处于变动之中的。

2. 种群的密度

一个种群的大小，是一定区域种群个体的数量，也可以是生物量或能量。而种群密度是单位面积或单位体积重个体的数目。

估计种群密度的方法与在其自然栖息地个体数目的计数难度有关。一些植物或显眼的动物如鸟和蝴蝶，可以使用样方法去估计总数量；对不断移动位置的动物，直接计数很困难，可应用标记重捕法去估计。

①样方法：在某一个生态系统中，随机取若干样方，在样方中计数全部个体，然后将其平均数推广，估算种群整体。在抽样时，如果总体中每一个个体被抽选的机会均等，且每一个个体被选与其他个体间无任何牵连，那么，这种既满足随机性，又满足独立性的抽样，就称作随机抽样（或称简单随机抽样）。

②标记重捕法：在调查样地上，随机捕获一部分个体 M 进行标记后释放，经一定期限后重捕，重捕的个体数为 n，其中已标记的个体数为 m。根据重捕取样中标记比例与样地总数中标记比例相等的假定，来估计样地中被调查动物的总数，即 $N:M=n:m$，所以种群数量 $N=M \times n/m$。

3. 种群的空间分布格局

组成种群的个体在其生活空间中的位置状态或空间布局称为种群的空间特征或分布型。

种群的空间分布一般有 3 种类型：随机分布、均匀分布和集群分布。

①随机分布：每一个个体在种群分布的领域中各个点出现的机会是相等的，并且某一个体的存在不影响其他个体的分布。随机分布比较少见，只有在环境资源分布均匀一致、种群内个体间没有彼此吸引或排斥时才容易产生。

②均匀分布：种群的个体是等距分布，或个体间保持一定的均匀的间距。均匀分布形成的原因主要是由于种群内个体之间的竞争；地形或土壤物理性状呈均匀分布等客观因素或人为的作用，都能导致种群的均匀分布。

③集群分布：种群个体的分布很不均匀，常成群、成簇、成块或成斑块的密集分布，各群的大小、群间的距离、群内个体的密度等都不相等，但各群大多是随机分布的。集群分布是最广泛存在的一种分布格局，其形成的原因有环境资源分布不均匀、植物传播种子的方式使其以母树为扩散中心、动物的社会行为使其结合成群等。

【基本概念】群落

1. 群落的定义

生物群落是在相同时间聚集在同一地段上的各物种种群的集合。也就是说群落是在特定空间或特定生境下，具有一定的生物种类组成及其与环境之间彼此影响、相互作用，具有一定的外貌及结构，包括形态结构与营养结构，并具特定功能的生物集合体。群落不是物种的简单总和，它强调的是在自然界共同生活的各种生物能有机地、有规律地在一定时空中共处，它是一个新的复合体，具有个体和种群层次所不能包括的特征和规律。

2. 群落的种类组成

植物群落研究中，常用的群落成员型有以下几类：

①优势种：对群落结构和群落环境的形成有明显控制作用的植物种。它们通常是那些个体数量多、投影盖度大、生物量高、体积较大、生活能力较强的植物种类。群落的不同层次可以有各自的优势种，如森林群落中，乔木层、灌木层、草本层和地被层分别存在各自的优势种。

②建群种：优势层的优势种，它对群落结构、群落环境有控制作用。如森林群落中，乔木层的优势种为建群种。

③亚优势种：个体数量与作用都次于优势种，但在决定群落性质和控制群落环境方面仍起着一定作用的植物种。

④伴生种：为群落的常见种类，与优势种相伴存在，但不起主要作用。

⑤偶见种或罕见种：可能偶然的由人们带入或随着某种条件的改变而侵入群落中，也可能是衰退中的残遗种。它们在群落中出现频率很低，个体数量也十分稀少。

在一个植物群落中，不同植物种的地位和作用以及对群落的贡献是不相同的。如果把优势种去除，必然导致群落性质和环境的改变；但若将非优势种去除，只会发生较小的或不明显的变化。

3. 群落的结构

（1）群落的结构单元

群落空间结构取决于两个要素，即群落中各物种的生活型及相同生活型的物种所组成的层片，它们可看作群落的结构单元。

生活型：指生物对外界环境适应的外部表现形式，同一生活型的生物，不但体态相似，而且在适应特点上也是相似的。对植物而言，其生活型是植物对综合环境条件的长期适应，而在外貌上反映出来的植物类型。它的形成是植物对相同环境趋同适应的结果。在同一类生活型中，常包括了在分类系统上地位不同的许多种，因为不论各种植物在系统分类上的位置如何，只要它们多某一类环境具有相同（或相似）的适应方式和途径，并在外貌上具有相似的特征，它们就属于同一类生活型。

层片：指有相同生活型或相似生态要求的种组成的机能群落。群落的不同层片是由属于不同生活型的不同种的个体组成的。例如，针阔叶混交林主要由五类基本层片所构成。第一类是常绿针叶乔木层片，第二类是夏绿阔叶乔木层片，第三类是夏绿灌木层片，第四类是多年生草本植物层片，第五类是苔藓地衣层片。

（2）群落的垂直结构

群落的垂直结构只要指群落分层现象，大多数群落都具有清楚的层次性。层的分化主要取决于植物的生活型，也就是说陆生群落的成层结构是不同高度的植物或不同生活型的植物在空间上垂直排列的结果，而水生群落则在水面以下不同深度分层排列。

成层现象是群落中各种群之间以及种群与环境之间相互竞争和相互选择的结果。它不仅缓解了植物之间争夺阳光、空间、水分和矿质营养（地下成层）的矛盾，而且由于植物在空间上的成层排列，扩大了植物利用环境的范围，提高了同化功能的强度和效率。成层现象越复杂，即群落结构越复杂，植物对环境的利用越充分，提供的有机物质也就越多。各层之间在利用和改造环境中，具有层的互补作用。群落成层性的复杂程度，也是对生态环境的一种良好的指示。一般在良好的生态条件下，成层结构复杂，而在极端的生态条件下，成层结构简单。因此，依据群落成层性的复杂程度，可以对生境条件做出诊断。

陆地植物群落的分层，往往与光的利用有关。如森林群落的林冠层吸收了大部分光辐射，随着光照强度渐减，依次发展为林冠层、下木层、灌木层、草本层和地被层等层次。一般来说，温带夏绿阔叶林的地上成层现象最明显，寒温带针叶林的成层结构简单，而热带森林的成层结构最为复杂。

水生群落中，由于水生植物的生物学和生态学特性的差异，处在水体中的不同位置，同样呈现出分层现象。一般可分为漂浮生物、浮游生物、游泳生物、底栖生物、附底生物和底内生物等。水生群落的分层，主要取决于透光状况、水温和溶解氧含量、食物等。

生物群落中动物的分层现象也很普遍。动物之所以有分层现象，首先与食物有关，因为不同层次的群落提供不同的食物；其次与不同层次的微气候条件有关。

（3）群落的水平结构

植物群落的结构特征，不仅表现在垂直方向上，而且也表现在水平方向上。植物群落的水平结构的主要特征就是它的镶嵌性。群落水平分化成各个小群落，它们的生产力和外貌特征也不相同，在群落内形成不同的斑块，一个群落内出现多个斑块的现象称为群落的镶嵌性。小群落的形成是由于生态因子的不均匀性，如小地形和微地形的变化，土壤湿度和盐渍化程度的差异，群落内部环境的不一致，动物活动以及人类的影响等。总之，群落环境的异质性越高，群落的水平结构就越复杂。

（4）群落的时间结构

如果说植物种类组成在空间上的配置构成了群落的垂直结构和水平结构的话，那么不同植物种类的生命活动在时间上的差异，就导致了结构部分在时间上的相互更替，形成了群落的时间结构。

（5）群落交错区与边缘效应

群落交错区又称为生态交错区或生态过渡带，是两个或多个群落之间的过渡区域。群落交错区是一个交叉地带或种群竞争的紧张地带。交错区内的环境条件往往与相邻群落内部核心有明显差异，对于一个发育完好的群落交错区，由于内部的环境条件比较复杂，能容纳不同生态类型的植物定居，从而为更多的动物提供食物、营巢和隐蔽条件，因此交错区内既包括相邻两个群落共有的物种，同时也包括群落交错区特有的物种。这种在群落交错区中生物种类增加和某些种类密度增大的现象，称为边缘效应。

4. 群落的分类与命名

（1）植物群落的分类单位

我国生态学家在《中国植被》（1980）一书中，采用了"群落生态"原则，即以群落本身的综合特征作为分类依据，群落的种类组成、外貌和结构、地理分布、动态演替等特征及其生态环境在不同的等级中均做了相应的反映。

主要分类单位分3级：植被型（高级单位）、群系（中级单位）和群丛（基本单位）。每一等级之上和之下又各设一个辅助单位和补充单位。高级单位的分类依据侧重于外貌、结构和生态地理特征，中级和中级以下的单位则侧重于种类组成。其系统如下：

植被型组

　植被型

　　植被亚型

　　　　群系组
　　　　　群系
　　　　　　亚群系
　　　　　　　群丛组
　　　　　　　　群丛
　　　　　　　　　亚群丛

　　植被型：建群种生活型相同或相似，同时对水热条件的生态关系一致的植物群落。如寒温性针叶林、夏绿阔叶林、温带草原、热带荒漠等。

　　群系：建群种或共建种相同的植物群落。如大针茅群系、羊草群系、兴安落叶松群系、落叶松和白桦混交林。

　　群丛：植物群落分类的基本单位，相当于植物分类中的种。凡是层片结构相同，各层片的优势种或共优种相同的植物群落联合为群丛。如羊草+大针茅+黄囊苔草原、羊草+大针茅+柴胡草原等。

　　（2）植物群落的类型

　　根据上述系统，中国生态学家于1980年完成了《中国植被》一书和中国植被图的制作。中国植被分为10个植被型组、29个植被型、560多个群系，群丛则不计其数。

　　10个植物型组为：针叶林、阔叶林、灌草和灌草丛、草原和稀树干草原、荒漠（包括肉质刺灌丛）、冻原、高山稀疏植被、草甸、沼泽、水生植被。

　　29个植被型为：寒温性针叶林、温性针叶林、温性针阔叶混交林、暖温性针叶林、落叶阔叶林、常绿落叶阔叶混交林、常绿阔叶林、硬叶常绿阔叶林、季雨林、雨林、珊瑚岛常绿林、红树林、竹林、常绿草叶灌丛、落叶阔叶灌丛、常绿阔叶灌丛、灌草丛、草原、稀树干草原、荒漠、肉质刺灌丛、高山冻原、高山垫状植被、高山流石滩稀疏植被、草甸、沼泽、水生植被。

　　（3）植物群落的命名

　　群丛的命名方法是将各个层中的建群种或优势种和生态指示种的学名按顺序排列，在前面冠以 Ass.（association 的缩写），不同层之间的优势种以"-"相连。如 Ass. *Larix gmelini-Rhododendron dahurica-Phyrola incarnata*（即兴安落叶松-杜鹃-红花鹿蹄草群丛）。从该名称可知，该群丛乔木层、灌木层和草本层的优势种分别是兴安落叶松、杜鹃和红花鹿蹄草。如果某一层具共优种，这是用"+"相连。单优势种的群落，就直接用优势种命名，如以马尾松为单优势种的群丛为马尾松群丛。在对草本植物群落命名时，习惯上用"+"来连接各亚层的优势种，而不用"-"。

四、敏感保护目标调查

凡工程建设涉及敏感保护目标，必须弄清相关法律法规是如何要求的，不能违法。

（一）保护物种

对于野生动物，需要弄清被保护动物的生理生态特征，掌握生境特征，分析项目对其生境（水源、食源、繁殖地、庇护所、栖息地、迁移通道、领域等）的影响。对于野生植物，主要分析评价项目对植被的分割影响及对植被生长的基本条件（地形地貌、土壤物理化学特性、水系、水土流失、光照等）的影响。

（二）生态敏感区

针对保护区的类型，主要评价建设项目对保护区结构、功能、重点保护对象及价值的影响。注意不同类型的保护区的特征及不同的保护要求，野生动物类、野生植物类、历史遗迹类等各有特点，保护要求也不相同，项目对其影响的方式、程度，各有差别。

【基本概念】生态系统

1. 生态系统的定义

生态系统就是在一定空间中共同栖居着的所有生物（即生物群落）与其环境之间由于不断地进行物质循环和能量流动过程而形成的统一整体。各组成要素间借助物种流动、能量循环、物质循环、信息传递而相互联系、相互制约，并形成具有自动调节功能的复合体。

2. 生态系统的组成

在一个陆地生态系统（草地）和一个水生生态系统（池塘）的比较中，尽管它们的外貌和物种的组成很不相同，但就营养方式来说，同样可以划分为生产者、消费者和分解者，这三者是生态系统中的生物成分，加上非生物成分，就是组成生态系统的四大基本成分（图3-9）。

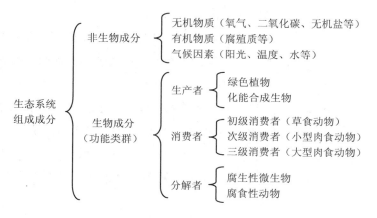

生态系统
组成成分
{
　非生物成分
{
　无机物质（氧气、二氧化碳、无机盐等）
　有机物质（腐殖质等）
　气候因素（阳光、温度、水等）
}

　生物成分
（功能类群）
{
　生产者
{
　绿色植物
　化能合成生物
}

　消费者
{
　初级消费者（草食动物）
　次级消费者（小型肉食动物）
　三级消费者（大型肉食动物）
}

　分解者
{
　腐生性微生物
　腐食性动物
}
}
}

图 3-9　生态系统的组成成分

生态系统包括下列 4 种主要组成成分：

非生物环境，生态系统的物质和能量的来源，包括生物活动的空间和参与生物生理代谢的各种要素，如光、水、二氧化碳以及各种矿质营养物等。

生产者，生物成分中能利用太阳能等能源，将简单无机物合成为复杂有机物的自养生物，如陆生的各种植物、水生的高等植物和藻类，还包括一些光能细菌和化能细菌。生产者是生态系统的必要成分，它们将光能转化为化学能，是生态系统所需一切能量的基础。

消费者，靠自养生物或其他生物为食而获得生存能量的异养生物，主要是各类动物。消费者按照营养方式的不同可以分为食草动物、食肉动物和顶级食肉动物 3 类。食草动物是直接以植物体为营养的动物，可以统称为一级消费者；食肉动物以食草动物为食，可以统称为二级消费者；顶级肉食动物以食肉动物为食，可以统称为三级消费者。

分解者，把动植物体的复杂有机物分解为生产者能重新利用的简单的化合物，并释放出能量，其作用正好与生产者相反，包括细菌、真菌、放线菌和原生动物等。分解者在生态系统中的作用是极为重要的，如果没有它们，动植物尸体将会堆积成灾，物质不能循环，生态系统将毁灭。

大部分自然生态系统都具有上述 4 个组成成分。一个独立发生功能的生态系统至少应包括非生物环境、生产者和分解者 3 个组成成分。

3. 生态系统的结构

生态系统的结构包括两个方面的含义，一是其组成成分及其营养关系，即营养结构；二是各种生物的空间配置状态，即空间结构。

生态系统中各种成分之间最本质的联系是通过营养来实现的，食物链或食物网及其相互关系就是生态系统的营养结构。生态系统通过食物营养把生物与生物、生物与非生物环境有机地结合成一个整体。

生产者所固定的能量和物质，通过一系列取食和被食的关系而在生态系统中传递，各种生物按其取食和被食的关系而排列的链状顺序称为食物链。如：草→蜻蜓→蛙→蛇→鹰。生态系统中具有两类食物链，即捕食食物链和碎屑食物链，前者以植食动物吃植物的活体开始，后者从分解动植物尸体或粪便中的有机物质颗粒开始。

生态系统中的食物链彼此交错连接，形成一个网状结构，这就是食物网（图 3-10）。

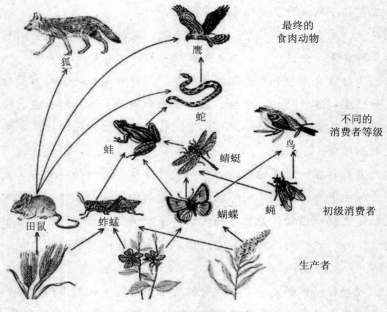

图 3-10　食物链与食物网

生态系统内部的营养结构是不断发生变化的，如果食物网中某条食物链发生了障碍，可以通过其他食物链来进行必要的调整和补偿。一般来说，具有复杂食物网的生态系统，一种生物的消失不致引起整个生态系统的失调，但食物网简单的系统，尤其是在生态功能上其关键作用的种，一旦消失或受严重破坏，就可能引起这个系统的剧烈波动。

4. 生态系统的功能

（1）生产功能

生态系统中的生物生产包括初级生产和次级生产两个过程。前者是生产者（主要是绿色植物）把太阳能转变为化学能的过程，故又称为植物性生产；后者是消费者（主要是动物）的生命活动将初级生产品转化为动物能，故称为动物性生产。在一个生态系统中，这两个生产过程彼此联系，但又是分别独立进行的。

生态系统初级生产的能源来自太阳辐射能，生产过程将太阳能转变成化学能，简单无机物转变为复杂的有机物。生态系统的初级生产实质上是一个能量的转化和物质的积累过程，是绿色植物的光合作用过程。

在初级生产过程中，植物固定的能量有一部分被植物自己的呼吸消耗掉，剩下的可用于植物生长和生殖，这部分生产量称为净初级生产量。而包括呼吸消耗在内的全部生产量，称为总初级生产量。净初级生产量是可提供生态系统中其他生物利用的能量。

初级生产的产量与时间有关。单位时间和单位面积（或体积）内生产者积累的能量或生产的干物质量称为生产量，常用单位为 kJ/（$m^2 \cdot a$）或 kg/（$m^2 \cdot a$）。初级生产量也可称为初级生产力，它们的计算单位是一样的。

生产量和生物量是两个不同的概念，生产量含有速率的概念，是指单位时间单位面积上的有机物质生产量，而生物量是指在某一定时刻调查时单位面积上积存的有机物质，单位是干重 kg/m^2 或 kJ/m^2。

（2）能量流动

生态系统的能量流动是指能量通过食物网络在系统内的传递和耗散过程。简单地说，就是能量在生态系统中的行为。它始于生产者的初级生产止于还原者功能的完成，整个过程包括能量形态的转变，能量的转移、利用和耗散。

生态系统中的能流是单向的，通过各个营养级的能量是逐级减少的，减少的原因包括各营养级消费者不可能百分之百地利用前一营养级的生物量，总有一部分会自然死亡和被分解者所利用；各营养级的同化率也不是百分之百的，总有一部分变成排泄物而留于环境中，为分解者生物所利用；各营养级生物要维持自身的生命活动，总要消耗一部分能量，这部分能量变成热能而耗散掉。

美国生态学家 Lindeman 在研究湖泊生态系统的能量流动时发现，能量沿食物链流动中，能流越来越小，通常后一营养级所获得的能量大约为前一营养级的 10%，在能流过程中大约损失 90% 的能量，这就是"百分之十定律"。这只是粗略的估算，不是绝对的。不同的动物、不同的食物链、不同的生态系统差别很大，即使同一食物链也会发生变化。

"百分之十定律"说明，每通过一个营养级，其有效能量大约为前一营养级的1/10。由于能流在通过各营养级时会急剧的减少，所以食物链就不可能太长，生态系统中的营养级一般只有四、五级，很少超过六级。食物链越长，消耗于营养级的能量就越多。从这个意义上讲，人如果直接以植物为食品，就比吃植物的动物（如牛肉）为食品，可以供养多10倍的人口。缩短食物链的例子在自然界也有所见，如巨大的须鲸以最小的甲壳类为食。

（3）物质循环

能量流动和物质循环是生态系统的两大基本功能。生态系统的能量来源于太阳，而生命必需的物质（各种元素）的最初来源是岩石或地壳。生态系统从大气、水体、土壤等环境中获得营养物质，通过绿色植物吸收，进入生态系统，被其他生物重复利用，最后再归入环境，称为物质循环，又称生物地球化学循环。在物质循环中，物质是可以被生物反复利用的，而且物质的总量是恒定的，不会减少，也不会增多。但是营养元素在进入活生物体后，就会降低对于生态系统其余成分的供应。如果固定在植物及其消费者机体内的营养元素没有被最后分解掉，那么为生命所必需的营养物质，其供应将会耗尽。因此，分解者系统在营养物循环中起主要作用。

（4）信息传递

生态系统的功能整体性除体现在生物生产过程、能量流动和物质循环等方面外，还表现在系统中各生命成分之间存在着信息传递。

生态系统中的各种信息主要可分为以下4大类：

①物理信息——以物理过程为传递形式的信息，如光、声音、颜色等。

②化学信息——生物代谢产生的一些物质，尤其是各种腺体分泌的各类激素均属传递信息的化学物质。

③行为信息——许多植物的异常表现和动物的异常行为传递的某种信息。

④营养信息——在生态系统中生物的食物链就是生物的营养信息传递。

（5）生态系统服务功能

生态系统服务是指生态系统与生态过程所形成及所维持的人类赖以生存的自然环境条件与效用。它不仅给人类提供生存必需的食物、医药及工农业生产的原料，而且维持了人类赖以生存和发展的生命保障系统。也指人类直接或间接从生态系统得到的利益，主要包括向经济社会系统输入有用物质和能量、接受和转化来自经济社会系统的废弃物，以及直接向人类社会成员提供服务（如人们普遍享用洁净空气、水等舒适性资源）。

目前，得到国际广泛承认的生态系统服务功能分类系统是由千年生态系统评估（MA）全球工作组提出的分类方法。MA 的生态服务功能分类系统将主要服务功能类型归纳为提供产品、调节、文化和支持四个大的功能组。

①产品提供功能是指生态系统生产或提供的产品。如食物、纤维、木材和燃料、药物与遗传育种。

②调节功能是指调节人类生态环境的生态系统服务功能。如保持水土、调节气候、抗洪涝、抗干旱等。

③文化功能是指人们通过精神感受、知识获取、主观印象、消遣娱乐和美学体验从生态系统中获得的非物质利益。如生态系统是生态旅游、户外活动，以及教育和科研的基地和场所。

④支持功能是指保证其他所有生态系统服务功能提供所必需的基础功能。区别于产品提供功能、调节功能和文化服务功能，支持功能对人类的影响是间接的或者通过较长时间才能发生，而其他类型的服务则是相对直接的和短期影响于人类。

由此可见，生态系统服务功能是人类文明和可持续发展的基础。

根据我国环境特点和社会经济发展的需求，下述生态环境功能一般需重点考虑：

①生产生物资源，包括粮食、果蔬、油料、木材、薪柴、建材、药材、饲料、肥料、鱼虾贝类以及其他生物性原理与产品。

②蓄水保水，提供水资源和缓解旱涝威胁，缓和洪水等极端水情。

③保护土地，保持土壤，防止水土流失和土壤退化。

④防风固沙，防止土地沙漠化和农业影响。

⑤调节气候，包括增加湿度，调节气温，减轻干热风危害和霜冻灾害，消除城市"热岛"效应等，为城乡居民提供适宜生活环境。

⑥净化空气和水，减轻噪声影响。

⑦创造多样化的生境条件，保护生物多样性。

⑧防灾减灾，包括洪旱灾害、风灾、鼠虫灾害、海岸侵蚀、地质灾害如泥石流、崩塌和滑坡等。

⑨景观与社会文化功能，如绿化美化城市，提供旅游、娱乐、休闲服务和科研、教育功能。

五、生态现状评价

(一) 生态现状评价要求

在区域生态基本特征现状调查的基础上，对评价区的生态现状进行定量或定性的分析评价，评价应采用文字和图件相结合的表现形式。

一级评价要求评价项目建设影响范围内生态系统的结构与功能的完整性、稳定性及其演变历史或趋势，评价国家或地方保护野生动植物、重要经济物种的生境条件及现状质量，评价或说明生态敏感保护目标的生态环境质量现状水平，分析或说明造成区域生态环境问题的原因。

二级评价要求评价项目建设影响范围内典型或重要生态系统的结构与功能的完整性、稳定性及其演变历史或趋势，评价重要经济物种的生境条件及现状质量，分析或说明造成区域生态环境问题的原因。

三级评价要求简要说明土地利用现状、代表性野生动植物及植被类型或生态系统类型、土壤侵蚀情况等。

(二) 生态现状评价内容

生态现状调查与评价是密不可分的，其内容和关注重点应是一致的。

生态现状评价是将生态环境调查和生态分析得到的重要信息进行量化，定量或比较精细地描述生态环境的质量状况和存在的问题。

1. 生态因子和生态系统现状评价

（1）生态因子现状评价

非生物因子评价，包括光、热、土壤、降水、温度、湿度等。

植物评价，通过样方调查，分析物种长势、盖度、多度、频度等，计算物种重要值，确定优势种、建群种，计算生物量等，评价植被状况，列出主要植物名录，重点评价保护植物种的生存状态。

动物评价，调查给出主要动物名录，重点评价保护动物，评价其栖息地、繁殖地、食源、水源、生存与迁徙规律。

（2）生态系统现状评价

生态系统评价，评价区域生态系统的类型，重点在于评价生态系统的结构与功能，特别是生态系统的服务功能，分析生态演替趋势，说明生态系统存在的问题及原因。

景观评价，对景观的多样性、景观的破碎度、景观的优势度、景观的连通性、景观比率等指标进行评价。

生态状况评价，包括生物多样性性评价、生态敏感性评价、生态脆弱性评价、生态完整性评价、生态承载力评价、生态适宜度分析等。

2．敏感生态保护目标评价

当评价区域涉及受保护的敏感物种时，应重点分析该敏感物种的生态学特征等。

当评价区域涉及特殊生态敏感区或重要生态敏感区时，应分析其生态现状、保护现状和存在的问题等。

3．主要生态问题及原因分析

主要生态问题包括区域生态功能区划的定位与现状生态环境质量不一致，尚需通过实施区域的生态恢复工程进行提升；评价区原有建设项目遗留尚需进行生态恢复的区域；现状工程生态保护与水土保持措施存在较多不完善的部分。

在找出评价区造成主要生态问题后，通过以下 3 个方面分析造成生态问题的原因：评价区水、土、光、热等条件较差，生态系统天然条件恶劣，生态系统脆弱，轻微的干扰也会产生严重的生态问题；现状工程未按照要求进行生态恢复和实施水土保护措施；区域内外其他工程的影响。

（三）生态现状评价方法

1．生态指标等级评价

通过定性或定量指标（植被覆盖率、频率、密度，生物量，生物多样性，生态脆弱性，如土壤侵蚀程度、荒漠化面积）反映评价范围内的生态环境质量水平。

【例】生态综合指标等级评价

建立表征生态因子的指标体系以标定相对生物量（P_a）、标定相对生长量（P_b）和标定相对生物多样性指标（P_h）或标定相对物种量（P_s）为主要因子，并用各种群落的 3 个生态指标的平均值作为生态综合指标（P），并列出评价等级（表 3-8）。

以下计算式采用的标定值概念是本地区或本类型群落相应指标的最大量值。实测值与标定值的比例称为标定相对值。

各指标代号、意义和计算式分述如下：

标定相对生物量指数（P_b）：生物量（B_m）是指一定面积、时间内生活的有机体总量，又称现存量，用 t/hm² 表示。本区生物量标定值（B_{mo}）采用南亚热带成熟混交林生物量 300 t/hm²。

$$P_b = B_m / B_{mo}$$

标定相对净生产力指数（P_a）：生物生产力是指单位面积和时间内所产生的有机物质的总量，用 t/（hm²·a）表示。由于净生产力测定难度大，多用绿色植物的年生长量（B_a）代表。本区净生产力标定值（B_{ao}）为 17 t/（hm²·a）。

$$P_a = B_a / B_{ao}$$

标定相对物种量指数（P_s）：物种量（B_s）以群落单位面积内的物种数，常用物种数/hm² 表示。本区物种数标定值（B_{so}）采用维管植物 100 种/hm²。石灰岩地区以 70% 计算，在群落类型较单一区域使用该指标的意义和效果不理想。而且由于本区环境受人为影响严重，已不属于自然系统，故不列入本项目的生态影响评价指标。

$$P_s = B_s / B_{so}$$

标定相对生物多样性指数（P_h），生物多样性指数反映物种多少和种群大小的内涵。本文采用 Shannon-Wiener 生物多样性指数（SW）评价，本区 SW 的标定值（B_{ho}）采用 4.5。

$$P_h = SW / B_{ho}$$

生态综合指标（P）：综合上述的指标（分因子）的平均值，可视为群落的生态重要值（P_c）。但对于评价一个区域，应把各群落的面积占研究区域总面积的比例作为权重（W_i），得出一个综合生态指标，为评价区域环境质量提供生态学参数。

$$P_c = (P_a + P_b + P_h) / 3$$

表 3-8　生态指标的等级评价标准

生物量		生长量		生物多样性		生态综合指标 P	级别	评价
B_m	P_b	B_a	P_a	SW	P_h			
≥350	1	≥20	1	≥6.5	1	≥0.85	I	优
~250	~0.7	~12	~0.6	~5.6	~0.8	~0.66	II	良
~90	~0.26	~7	~0.35	~4.0	~0.50	~0.33	III	一般
~25	~0.07	~3	~0.15	~2.2	~0.30	~0.15	IV	较差
<25	<0.07	<3	<0.15	<2.2	<0.30	<0.15	V	差

注：B_m 为群落生物量（现存量）；P_b 为标定相对生物量指数；B_a 为群落生长量；P_a 为标定相对生长量指数；SW 为 Shannon-Wiener 生物多样性指数；P_h 为标定相对生物多样性指数。

　　根据调查和样方分析，求算出本评价区各植被群落的各生态指标和生态综合指标。

【例】某矿山选址区的植被群落现状生态指标分析（表 3-9）

表 3-9　某矿山选址区的植被群落现状生态指标分析

群落和用地	面积/hm²	生物量/（t/hm²）	生长量/[t/（hm²·a）]	生物多样性	标定相对指数			生态综合指标	
					P_b	P_a	P_h	P_c	P/%
I . 人工（次生）林	15.35								
1.1 马尾松+油茶	6.56	114.57	4.52	2.31	0.38	0.27	0.51	0.39	2.54
1.2 马尾松-黄牛木	4.52	89.51	2.14	2.32	0.30	0.13	0.52	0.31	1.42
1.3 竹林	4.27	62.24	5.75	1.76	0.21	0.34	0.39	0.31	1.33
II . 稀树灌草丛	61.85								
2.1 黄牛木+牡荆	37.88	5.15	0.89	2.65	0.02	0.05	0.59	0.22	8.31
2.2 马尾松-雀梅藤	15.93	4.56	0.86	1.97	0.02	0.05	0.44	0.17	2.67
2.3 雀梅藤-五节芒	8.04	4.3	1.07	2.32	0.01	0.06	0.52	0.20	1.59
III . 耕地	2.51								
3.1 旱地	0.41	13.6	6.8	1.46	0.05	0.40	0.32	0.26	0.11
3.2 果园（油茶）	2.10	7.2	3.2	1.4	0.02	0.19	0.31	0.17	0.37
合计	79.71								18.34

　　本场地现状植被生态综合指数（P）为 0.183 4（即 18.34%）。依据表 3-8，本区现状综合生态质量等级为 IV 级，总体属"较差"水平，且仅差 3%就成为最差等级。

　　依据表 3-8 分析评价区的群落类型，本区植被各类群落中的生态综合指数（P）达"一般"等级（$P=0.33$ 以上）的仅有林地的 1.1 群落。这也是本区群落中生态综合指数（P）的最好评级。其余均属"较差"等级。

以单项生态标定指标（生物量、生长量、生物多样性）分析，本区均没有达"良好"等级的群落。所以本区群落生境的生物多样性等指数均属于"一般"至"较差"水平。

本选址区的现状植被的生物量总量为 1 744.7 t，生长量总量为 129.4 t/（hm^2·a）。平均每公顷生物量为 21.89 t，平均每公顷年生长量为 1.62 t。均属较差水平。

2. 生态制图

生态影响评价图件是指以图形、图像的形式，对生态影响评价有关空间内容的描述、表达或定量分析。生态影响评价图件是生态影响评价报告的必要组成内容，是评价的主要依据和成果的重要表现形式，是指导生态保护措施设计的重要依据。

通过生态制图、照片，直观、有效地表达生态现状及生态影响情况。图件具有直观、形象、说服力强的特点，在进行生态现状现场调查时应拍摄大量的照片，并通过遥感图像等，制作满足要求的生态图件。图件及照片的应用，在一定程度上反映了技术报告编写的质量好和水平，应予以重视。

（1）图件的构成

生态影响评价图件不仅是现状调查、评价和预测成果的展示，而且是提高对生态时空特征的整体认识、深化对评价各要素研究的有力手段。根据评价项目自身特点、评价工作等级以及区域生态敏感性不同，生态影响评价图件由基本图件和推荐图件构成，如表 3-10 所示。

生态制图的图件要求由正规比例的基础图件和评价成果图件组成。基础图件包括土地利用现状图、植被类型图、土壤侵蚀图等，具体说明如下：

·地形图：评价区及周边的地形图，一般比例 1/10 000～1/50 000，图上应能反映出地表状况如山地与平原区，绿地和水体分布状况，城镇和主要厂矿及村落分布状况，拟建工程位置及生态影响评价区等。

·土地利用状况图：评价区及周边地区土地利用现状图，应能反映土地利用的类型与分布，基本农田保护区、重要经济林木与特产地分布及自然生境、敏感保护目标等。

表 3-10 生态影响评价图件构成要求

评价工作等级	基本图件	推荐图件
一级	（1）项目区域地理位置图 （2）工程平面图 （3）土地利用现状图 （4）地表水系图 （5）植被类型图 （6）特殊生态敏感区和重要生态敏感区空间分布图 （7）主要评价因子的评价成果和预测图 （8）生态监测布点图 （9）典型生态保护措施平面布置示意图	（1）当评价工作范围内涉及山岭重丘时，可提供地形地貌图、土壤类型图和土壤侵蚀分布图 （2）当评价工作范围内涉及河流、湖泊等地表水时，可提供水环境功能区划图；当涉及地下水时，可提供水文地质图件等 （3）当评价工作范围涉及海洋和海岸带时，可提供海域岸线图、海洋功能区划图，根据评价需要选做海洋渔业资源分布图、主要经济鱼类产卵场分布图、滩涂分布现状图 （4）当评价工作范围内已有土地利用规划时，可提供已有土地利用规划图和生态功能分区图 （5）当评价工作范围内涉及地表塌陷时，可提供塌陷等值线图 （6）此外，可根据评价工作范围内涉及的不同生态系统类型，选作动植物资源分布图、珍稀濒危物种分布图、基本农田分布图、绿化布置图、荒漠化土地分布图等
二级	（1）项目区域地理位置图 （2）工程平面图 （3）土地利用现状图 （4）地表水系图 （5）特殊生态敏感区和重要生态敏感区空间分布图 （6）主要评价因子的评价成果和预测图 （7）典型生态保护措施平面布置示意图	（1）当评价工作范围内涉及山岭重丘时，可提供地形地貌图、土壤类型图和土壤侵蚀分布图 （2）当评价工作范围内涉及河流、湖泊等地表水时，可提供水环境功能区划图；当涉及地下水时，可提供水文地质图件等 （3）当评价工作范围涉及海域时，可提供海域岸线图、海洋功能区划图 （4）当评价工作范围内已有土地利用规划时，可提供已有土地利用规划图和生态功能分区图 （5）评价工作范围内，陆域可根据评价需要选作植被类型图或绿化布置图
三级	（1）项目区域地理位置图 （2）工程平面图 （3）土地利用或水体利用现状图 （4）典型生态保护措施平面布置示意图	（1）评价工作范围内，陆域可根据评价需要选作植被类型图或绿化布置图 （2）当评价工作范围内涉及山岭重丘区时，可提供地形地貌图 （3）当评价工作范围内涉及河流、湖泊等地表水时，可提供地表水系图 （4）当评价工作范围内涉及海域时，可提供海洋功能区划图 （5）当涉及重要生态敏感区时，可提供关键评价因子的评价成果图

•水系图：评价区域或流域水系图，流域取干流或一级支流、二级支流，由评价项目的影响范围和要求说明的问题而定。有区域性影响的建设项目则应能反映地面水系的相互关系、重要取水点（口）、水工构筑物、水生生物栖息繁殖地等重要信息。

•植被图：评价区及周边地区植被图，应能反映植被类型和覆盖度、采样点分布、主要植物资源的分布等信息。相应的动物资源分布，往往也可以在此类图上反映。

不同评价等级有相应的图件要求，三级评价项目要完成土地利用现状图和关键评价因子的评价成果图；二级评价项目要完成土地利用现状图、植被分布图、资源分布图等基础图件以及主要评价因子的评价和预测成果图，上述图件要通过计算机完成并可以在地理信息系统上显示；一级项目除完成上述图件和达到上述要求以外，要用图形、图像显示评价区域全方位的评价和预测成果。

（2）制图的规范

生态影响评价成图应能准确、清晰地反映评价主题内容，成图比例不应低于表 3-11 中的规范要求（项目区域地理位置图除外）。当成图范围过大时，可采用点线面相结合的方式，分幅成图；当涉及敏感生态保护目标时，应分幅单独成图，以提高成图精度。

表 3-11　生态影响评价图件成图比例规范要求

成图范围		成图比例尺		
		一级评价	二级评价	三级评价
面积	≥100 km²	≥1:10 万	≥1:10 万	≥1:25 万
	20～100 km²	≥1:5 万	≥1:5 万	≥1:10 万
	2～≤20 km²	≥1:1 万	≥1:1 万	≥1:2.5 万
	≤2 km²	≥1:5 000	≥1:5 000	≥1:1 万
长度	≥100 km	≥1:25 万	≥1:25 万	≥1:25 万
	50～100 km	≥1:10 万	≥1:10 万	≥1:25 万
	10～≤50 km	≥1:5 万	≥1:10 万	≥1:10 万
	≤10 km	≥1:1 万	≥1:1 万	≥1:5 万

生态影响评价图件应符合专题地图制图的整体规范要求，成图应包括图名、比例尺、方向标/经纬度、图例、注记、制图数据源（调查数据、实验数据、遥感信息源或其他）、成图时间等要素，图中颜色区别明显、线条分明、字体清晰，如某矿山植被图见图 3-11。

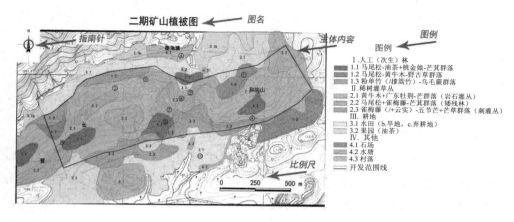

图 3-11 某矿山植被示意

（3）符号和色彩设置

1）符号设置

符号设计应能充分表现和区分地物、符合环境制图中的常用习惯、简单明了、与整体制图风格相匹配。

通常根据符号的形状，将其划分为点状、现状和面状 3 类。

①点状符号，即用各种不同形状、大小、颜色和结构的点状符号，表示生态要素空间分布及数量和质量特征。主要适用于项目所在地、景点、敏感目标、监测点位、保护措施位置等。

②线状符号，即用各种不同形状、粗细、长度、颜色的线状符号，表示生态要素的空间分布及数量和质量特征。主要适用于河流水系分布、交通道路分布、行政区边界、保护目标范围等。

③面状符号，即在区域界线或类型范围内填充颜色、晕线、花纹、图片以显示布满制图区域生态要素的质量差别。主要适用于地貌类型图、土壤类型图、植被类型图、水文地质图、土地利用类型图、环境功能区划图等。

2）色彩设置

色彩是表达地图科学内容的重要手段，也是衡量地图质量的重要指标，色彩能提高地图的可读性。

地图设色应尽可能与制图的天然颜色相接近，制图实践中总结出的常用色彩，其表示的地图要素已约定俗成。

• 绿：旅游、园林、树林、花卉、草原、平原；

- 蓝：河流、湖泊、泉水、瀑布等水体，湿润区域以及航海线、航空线；
- 黄：干旱区域、建设用地、耕地；
- 红：道路、重要地物；
- 棕：山地、丘陵、高原、等高线；
- 黑：居民地以及标注；
- 灰：未利用土地。

相邻地物用色应缓冲协调，颜色差异不要过渡太大，以免影响视觉效果。但在一张图内，所有颜色之间应能区分出不同地物，如植被中的针叶林、阔叶林、草原等类型分别用暗绿色、绿色、草绿色表示。

模块四   生态影响预测与评价

一、生态影响预测与评价内容

生态影响预测就是以科学的方法推断各种类型的生态系统在工程作用下所发生的响应过程、发展趋势和最终结果，揭示事物的客观本质和规律，是在工程分析、生态现状调查与评价、环境影响识别的基础上，有选择地、有重点地对某些评价因子的变化和生态功能变化进行预测。

根据环境影响识别结论，确定预测评价内容与重点：

一级评价中的生态影响评价应充分利用"3S"等先进技术手段，除进行单项预测外，还应从生态完整性的角度，对区域性全方位的影响进行预测，预测评价对生态系统组成、结构、功能及演变趋势的影响。对于直接影响特殊生态敏感保护目标的开发建设项目，应重点分析评价工程建设对敏感保护目标的影响，提出替代或比选方案，必要时应单独进行专题评价，编制专题影响报告。进行生态影响评价一级评价的开发建设项目，应在工程营运后的一定时间内进行生态影响的后评价。对于处于山区、丘陵区、风沙区的建设项目应充分利用水土保持方案的成果，根据工程建设分区分类情况，说明工程可能造成的水土流失影响。

二级评价中对评价范围内涉及的典型生态系统及其主要生态因子的影响进行预测评价；对影响范围外可能间接影响的生态敏感保护目标，应分析在不利情况下对其结构、功能及主要保护对象的影响，预测对生态系统组成和服务功能变化趋势的影响。对于处于山区、丘陵区、风沙区的建设项目应利用水土保持方案的成果，简要说明工程可能造成的水土流失影响。

三级评价中的生态影响评价只需简要分析对影响范围内土地利用格局、植被等关键评价因子的影响。对于处于山区、丘陵区、风沙区的建设项目应简要说明工程可能造成的水土流失影响。

（一）生态因子及生态系统的影响预测

评价工作范围内涉及的生态系统及其主要生态因子的影响预测，通过分析影响作用的方式、范围、强度和持续时间来判别生态系统受影响的范围、强度和持续时间；预测生态系统组成和服务功能的变化趋势，重点关注其中的不利影响、不可逆影响和累积生态影响。

1．植物影响预测与评价

分析评价工程占地所导致植被面积减少、生物量减少、生态功能及生态效益的损失。

重点分析评价项目影响范围内是否有国家或地方重点保护的野生植物、珍稀濒危野生植物、有重要资源利用的野生经济植物、狭域植物种等。

分析评价工程建设是否会导致植物生长条件的重大改变，如土壤质量改变、水系改变。

分析评价工程建设是否会导致群落结构与功能的变化、演替趋势的变化、优势种群的消长变化。

2．动物影响预测与评价

重点分析动物种群数量、分布、生境状况及与建设项目的关系，评价项目建设对动物生境及其活动的影响，若野生动物受影响发生迁移，应分析其对新生境的适应能力。

3．生态系统影响预测与评价

评价对生态系统的结构与功能的影响。如开发建设项目对森林生态系统的影响，需分析对森林的分布、郁闭度、林分组成与结构、森林土壤类型等的变化情况，以及对森林生态系统物质循环、能量流动、调节与反馈、动态变化等方面的影响。

生态系统服务功能包括生产功能、调节功能和社会文化功能等，这些环境服务功能恰是人类对生态环境的基本需求和关注点。通过建设项目实施前后生态系统服务功能的变化来衡量生态环境的盛衰与优劣。

评价生态系统完整性。生态系统被分割及破碎度是开发建设项目对生态系统完整性被破坏的直接表现。一般应用景观生态学的尺度分析理论、模地理论进行分析和评价。

评价对生态系统稳定性的影响。一般从阻抗稳定性和恢复稳定性两个方面进行分析，也可以从项目的影响方式与程度，分析对其生态承受阈值影响，评价其稳定性的影响。

评价对生态系统动态变化过程的影响。一般从优势种的动态变化，食物链或食物网的构成，包括能流、物流，源与汇及其演替趋势等方面进行评价。

（二）敏感生态保护目标的影响预测

敏感生态保护目标的影响评价应在明确保护目标的性质、特点、法律地位和保护要求的情况下，分析评价项目的影响途径、影响方式和影响程度，预测潜在的后果。

重要生态敏感保护目标影响评价的"五段论"评价模式：

①简要介绍敏感区的基本情况：如建立时间、历史缘由、保护级别、保护对象、功能划分及要求、管理现状等。

②与开发建设项目的位置关系：给出位置关系图（标明方向、距离等）、工程施工与保护区的关系。如果工程在保护区外，必须清楚给出工程建设边界与保护区边界的距离；如果是公路建设项目要明确工程线路穿越敏感区里程桩号及位置、长度，敏感区内工程情况。

③进行影响分析或预测评价：针对敏感区内工程情况，结合敏感区被保护对象，有针对性地分析其影响，特别是针对其结构、功能、重要保护对象及价值的影响。

④提出影响保护措施（或对策与建议）：针对影响指出相应的保护措施、对策或建议。

⑤明确敏感区主管部门的意见和要求：一般应由主管部门出具意见文书，附在报告书之中。

（三）主要生态问题的影响趋势

预测评价项目对区域现存主要生态问题的影响趋势。主要从项目建设是否会加剧既有生态问题，项目建设能否解决既有生态问题两个方面进行分析论证。

二、生态影响预测与评价方法

生态影响预测与评价方法应根据评价对象的生态学特性，在调查、判定该区主要的、辅助的生态功能以及完成功能必需的生态过程基础上，分别采用定量分析与定性分析相结合的方法进行预测与评价。

常用的方法包括列表清单法、图形叠置法、生态机理分析法、景观生态学法、指数法与综合指数法、类比分析法、系统分析法和生物多样性评价等。

（一）列表清单法

列表清单法是 Little 等于 1971 年提出的一种定性分析方法。该方法的特点是简单明了、针对性强。

1．方法

列表清单法的基本做法是，将拟实施的开发建设活动的影响因素与可能受影响的环境因子分别列在同一张表格的行与列内。逐点进行分析，并逐条阐明影响的性质、强度等。由此分析开发建设活动的生态影响。

2．应用

进行开发建设活动对生态因子的影响分析；

进行生态保护措施的筛选；

进行物种或栖息地重要性或优先度比选。

（二）图形叠置法

图形叠置法，是把两个以上的生态信息叠合到一张图上，构成复合图，用以表示生态变化的方向和程度。本方法的特点是直观、形象、简单明了。图形叠置法有两种基本制作手段：指标法和"3S"叠图法。

1．指标法

①确定评价区域范围；

②进行生态调查，收集评价工作范围与周边地区自然环境、动植物等的信息，

同时收集社会经济和环境污染及环境质量信息；

③进行影响识别并筛选拟评价因子，其中包括识别和分析主要生态问题；

④研究拟评价生态系统或生态因子的地域分异特点与规律，对拟评价的生态系统、生态因子或生态问题建立表征其特性的指标体系，并通过定性分析或定量方法对指标赋值或分级，再依据指标值进行区域划分；

⑤将上述区划信息绘制在生态图上。

2．"3S"叠图法

①选用地形图，或正式出版的地理地图，或经过精校正的遥感影像作为工作底图，底图范围应略大于评价工作范围；

②在底图上描绘主要生态因子信息，如植被覆盖、动物分布、河流水系、土地利用和特别保护目标等；

③进行影响识别与筛选评价因子；

④运用"3S"技术，分析评价因子的不同影响性质、类型和程度；

⑤将影响因子图和底图叠加，得到生态影响评价图。

3．图形叠置法应用

①主要用于区域生态质量评价和影响评价；

②用于具有区域性影响的特大型建设项目评价中，如大型水利枢纽工程、新能源基地建设、矿业开发项目等；

③用于土地利用开发和农业开发中。

（三）生态机理分析法

生态机理分析法是根据建设项目的特点和受其影响的动、植物的生物学特征，依照生态学原理分析、预测工程生态影响的方法。生态机理分析法的工作步骤如下：

调查环境背景现状和收集工程组成和建设等有关资料。

①调查植物和动物分布，动物栖息地和迁徙路线；

②根据调查结果分别对植物或动物种群、群落和生态系统进行分析，描述其分布特点、结构特征和演化等级；

③识别有无珍稀濒危物种及重要经济、历史、景观和科研价值的物种；

④监测项目建成后该地区动物、植物生长环境的变化；

⑤根据项目建成后的环境（水、气、土和生命组分）变化，对照无开发项目条件下动物、植物或生态系统演替趋势，预测项目对动物和植物个体、种群和群落的影响，并预测生态系统演替方向。

评价过程中有时要根据实际情况进行相应的生物模拟试验，如环境条件、生物习性模拟试验、生物毒理学试验、实地种植或放养试验等；或进行数学模拟，如种群增长模型的应用。

该方法需与生物学、地理学、水文学、数学及其他多学科合作评价，才能得出较为客观的结果。

（四）景观生态学法

景观生态学法是通过研究某一区域、一定时段内的生态系统类群的格局、特点、综合资源状况等自然规律，以及人为干预下的演替趋势，揭示人类活动在改变生物与环境方面的作用的方法。景观生态学对生态质量状况的评判是通过两个方面进行的，一是空间结构分析；二是功能与稳定性分析。景观生态学认为，景观的结构与功能是相当匹配的，且增加景观异质性和共生性也是生态学和社会学整体论的基本原则。

空间结构分析基于景观是高于生态系统的自然系统，是一个清晰的和可度量的单位。景观由斑块、基质和廊道组成，其中基质是景观的背景地块，是景观中一种可以控制环境质量的组分。因此，基质的判定是空间结构分析的重要内容。判定基质有三个标准，即相对面积大、连通程度高、有动态控制功能。基质的判定多借用传统生态学中计算植被重要值的方法。

决定某一斑块类型在景观中的优势，也称优势度值（Do）。优势度值由密度（Rd）、频率（Rf）和景观比例（Lp）3个参数计算得出。其数学表达式如下：

$$Rd=（斑块\ i\ 的数目/斑块总数）\times100\%$$

$$Rf=（斑块\ i\ 出现的样方数/总样方数）\times100\%$$

$$Lp=（斑块\ i\ 的面积/样地总面积）\times100\%$$

$$Do=0.5\times[0.5\times（Rd+Rf）+Lp]\times100\%$$

上述分析同时反映自然组分在区域生态系统中的数量和分布，因此能较准确地表示生态系统的整体性。

景观的功能和稳定性分析包括以下4方面内容：

①生物恢复力分析：分析景观基本元素的再生能力或高亚稳定性元素能否占主

导地位。

②异质性分析：基质为绿地时，由于异质化程度高的基质很容易维护它的基质地位，从而达到增强景观稳定性的作用。

③种群源的持久性和可达性分析：分析动、植物物种能否持久保持能量流、养分流，分析物种流可否顺利地从一种景观元素迁移到另一种元素，从而增强共生性。

④景观组织的开放性分析：分析景观组织与周边生境的交流渠道是否畅通。开放性强的景观组织可以增强抵抗力和恢复力。景观生态学方法既可以用于生态现状评价也可以用于生境变化预测，目前是国内外生态影响评价学术领域中较先进的方法。

（五）指数法与综合指数法

指数法是利用同度量因素的相对值来表明因素变化状况的方法，是建设项目环境影响评价中规定的评价方法，指数法同样可将其拓展而用于生态影响评价中。指数法简明扼要，且符合人们所熟悉的环境污染影响评价思路，但困难在于需明确建立表征生态质量的标准体系，且难以赋权和准确定量。综合指数法是从确定同度量因素出发，把不能直接对比的事物变成能够同度量的方法。

1. 单因子指数法

选定合适的评价标准，收集拟评价项目区的现状资料。可进行生态因子现状评价：如以同类型立地条件的森林植被覆盖率为标准，可评价项目建设区的植被覆盖现状情况；也可进行生态因子的预测评价：如以评价区现状植被盖度为评价标准，可评价建设项目建成后植被盖度的变化率。

2. 综合指数法

①分析研究评价的生态因子的性质及变化规律。
②建立表征各生态因子特性的指标体系。
③确定评价标准。
④建立评价函数曲线，将评价的环境因子的现状值（开发建设活动前）与预测值（开发建设活动后）转换为统一的无量纲的环境质量指标。用 1~0 表示优劣（"1"表示最佳的、顶级的、原始或人类干预甚少的生态状况，"0"表示最差的、极度破坏的、几乎无生物性的生态状况）由此计算出开发建设活动前后环境因子质量的变

化值。

⑤根据各评价因子的相对重要性赋予权重。

⑥将各因子的变化值综合，提出综合影响评价值。

即
$$\Delta E = \sum \left(E_{hi} - E_{qi} \right) \times W_i$$

式中：ΔE —— 开发建设活动日前后生态质量变化值；

E_{hi} —— 开发建设活动后 i 因子的质量指标；

E_{qi} —— 开发建设活动前 i 因子的质量指标；

W_i —— i 因子的权值。

3．指数法应用

①可用于生态因子单因子质量评价；

②可用于生态多因子综合质量评价；

③可用于生态系统功能评价。

4．说明

建立评价函数曲线须根据标准规定的指标值确定曲线的上、下限。对于空气和水这些已有明确质量标准的因子，可直接用不同级别的标准值作上、下限；对于无明确标准的生态因子，需根据评价目的、评价要求和环境特点选择相应的环境质量标准值，再确定上、下限。

（六）类比分析法

类比分析法是一种比较常用的定性和半定量评价方法，一般有生态整体类比、生态因子类比和生态问题类比等。

1．方法

根据已有的开发建设活动（项目、工程）对生态系统产生的影响来分析或预测拟进行的开发建设活动（项目、工程）可能产生的影响。选择好类比对象（类比项目）是进行类比分析或预测评价的基础，也是该法成败的关键。

类比对象的选择条件是：工程性质、工艺和规模与拟建项目基本相当，生态因子（地理、地质、气候、生物因素等）相似，项目建成已有一定时间，所产生的影响已基本全部显现。

类比对象确定后，则需选择和确定类比因子及指标，并对类比对象开展调查与评价，再分析拟建项目与类比对象的差异。根据类比对象与拟建项目的比较，做出类比分析结论。

2. 应用

①进行生态影响识别和评价因子筛选；

②以原始生态系统作为参照，可评价目标生态系统的质量；

③进行生态影响的定性分析与评价；

④进行某一个或几个生态因子的影响评价；

⑤预测生态问题的发生与发展趋势及其危害；

⑥确定环保目标和寻求最有效、可行的生态保护措施。

（七）系统分析法

系统分析法是指把要解决的问题作为一个系统，对系统要素进行综合分析，找出解决问题的可行方案的咨询方法。具体步骤包括限定问题、确定目标、调查研究、收集数据、提出备选方案和评价标准、备选方案评估和提出最可行方案。

系统分析法因其能妥善地解决一些多目标动态性问题，目前已广泛应用于各行各业，尤其在进行区域开发或解决优化方案选择问题时，系统分析法显示出其他方法所不能达到的效果。

在生态系统质量评价中使用系统分析的具体方法有专家咨询法、层次分析法、模糊综合评判法、综合排序法、系统动力学、灰色关联等方法，这些方法原则上都适用于生态影响评价。这些方法的具体操作过程可查阅有关书刊。

（八）生物多样性评价方法

生物多样性评价是指通过实地调查，分析生态系统和生物种的历史变迁、现状和存在主要问题的方法，评价目的是有效保护生物多样性。

生物多样性通常用香农-威纳指数（Shannon-Wiener index）表征：

$$H = -\sum_{i=1}^{s} P_i \ln(P_i)$$

式中：H —— 样品的信息含量（彼得/个体）=群落的多样性指数；

S —— 种数；

P_i —— 样品中属于第 i 种的个体比例，如样品总个体数为 N，第 i 种个体数
为 n_i，则 $P_i = n_i/N$。

（九）海洋及水生生物资源影响评价方法

海洋生物资源影响评价技术方法参见 SC/T 9110—2007，以及其他推荐的生态
影响评价和预测适用方法；水生生物资源影响评价技术方法，可适当参照该技术规
程及其他推荐的适用方法进行。

（十）土壤侵蚀预测方法

土壤侵蚀预测方法参见 GB 4043—2008。

模块五　生态保护措施

一、生态保护的基本要求

（一）生态影响的防护、恢复与补偿原则

应按照避让、减缓、补偿和重建的次序提出生态影响防护与恢复的措施；所采取措施的效果应有利于修复和增强区域生态功能。

凡涉及不可替代、极具价值、极敏感、被破坏后很难恢复的敏感生态保护目标（如特殊生态敏感区、珍稀濒危物种）时，必须提出可靠的避让措施或生境替代方案。

涉及采取措施后可恢复或修复的生态目标时，也应尽可能提出避让措施；否则，应制定恢复、修复和补偿措施。各项生态保护措施应按项目实施阶段分别提出，并提出实施时限和估算经费。

1．预防避让

在开发建设活动前和活动中注意保护生态环境的原质原貌，尽量减少干扰与破坏，即贯彻"预防为主"的思想和政策。预防性保护是必须优先考虑的生态环保措施，主要有：

①更合理的构思和设计方案；

②影响最小的选址和选线；

③选址、选线和工程活动避绕敏感保护目标或地区；

④避免在关键时期进行有影响的活动，如鸟类孵化期间进行爆破作业等。

2．减缓

减缓措施是指减少和缓和影响的措施。减缓措施也有一定的工程性质，包括管

理在内。减缓措施有时是许多措施的综合体，它可能包括预防性保护措施，如选择能避免影响的方法与途径；也可能包括恢复措施，如使受影响生境得到恢复，使受影响土地恢复生产力等；还可能包括补偿，如湿地损失通过加强保护残余湿地或开辟新湿地来得到补偿等。减缓措施主要有：

①屏蔽以减少噪声或光及其他视觉干扰；

②为野生动物修建"生物走廊"隧道或桥梁、涵洞；

③建立栅栏以防止野生生物进入危险地区；

④管理某些道理或水道、阀门，以保证迁徙生物或洄游鱼类通过障碍物；

⑤异地保护珍稀、濒危生物；

⑥改善退化的生境以满足野生生物的需求等。

3．恢复

开发建设活动总是不可避免地会对生态环境造成一定的影响，通过事后努力，可以使生态系统的结构和功能得到一定程度的修复。例如，破坏土地的复垦、堆渣场的事后覆盖于绿化、工厂以绿化植被替代原来的农田或草原植被等，都是最常见的恢复措施。

4．补偿

这是一种重建生态系统以补偿因开发建设活动而损失的环境功能的措施。补偿有就地补偿和异地补偿两种形式。就地补偿类似于恢复，但建立的新生态系统与原生态系统没有一致性；异地补偿则是在开发建设项目发生地无法补偿损失的生态系统功能时，在项目发生地之外实施补偿措施，如区域内或流域内的适宜地点或其他规划的生态建设工程中。补偿中最常见的是耕地和植被补偿，它们都是正规生态功能所依赖的基础，植被补偿按照生物质生产等当量的原理确定具体的补偿量。

（二）替代方案

替代方案主要指项目中的选线、选址替代方案，项目的组成和内容替代方案，工艺和生产技术的替代方案，施工和运营方案的替代方案、生态保护措施的替代方案。

评价应对替代方案进行生态可行性论证，优先选择生态影响最小的替代方案，最终选定的方案至少应该是生态保护可行的方案。

1．项目总体替代方案

从项目总体来看，重大的替代方案主要有：建设项目选址的变更、公路铁路选线的变更、整套工艺技术和设备的变更等，因涉及建设项目总体的经济效益、投资规模和环境影响，关系到项目的可行与否，可视为总体替代方案。

项目总体方案在工程勘测设计阶段都有多种，一般按其经济效益和投资规模以及项目实施的难易程度、依托条件等进行比选，并推荐其中的一个方案作为推荐方案。部分推荐方案未从环境保护方面考虑，或者较少考虑其环境影响，因而在进行建设项目环境影响评价时，应对比选方案从环境影响方面进行比选，提出推荐方案，反馈到工程设计进行在比选和优化。

建设项目环境影响评价应该有替代方案比选论证工作。

2．工艺技术替代方案

在当代，工艺技术的进步日新月异，从环保需求出发而进行的工艺技术革新更层出不穷。因而，以新工艺技术代替老工艺技术就成为一项经常性的科技工作。在生态保护方面，建设项目采取不同的方案设计会有很不同的环境影响，因而以新的环保理念优化方案设计是环境影响评价中的一项重要工作。如公路建设方案中以桥代填（高填土）、以隧（洞）带挖（深挖方）、收缩边坡、上下行分道设计，都是工艺技术方面的替代方案。

建设项目环境影响评价都应从工艺技术方面论述和提出替代方案建议。

3．环保措施替代方案

建设项目的环保措施都有污染防治和生态保护与恢复两个方面。一般来说，应针对特定的环境条件提出环保措施替代方案。换句话说，工程设计主要按规范要求提出环保措施，环境影响评价则按具体环境条件与特点提出替代方案。

二、生态保护措施

（一）基本要求

生态保护措施应包括保护对象和目标，内容、规模及工艺，实施空间和时序，保障措施和预期效果分析，绘制生态保护措施平面布置示意图和典型措施设施工艺图。估算或概算环境保护投资。

对可能具有重大、敏感生态影响的建设项目，区域、流域开发项目，应提出长期的生态监测计划、科技支撑方案，明确监测因子、方法、频次等。

明确施工期和运营期管理原则与技术要求。可提出环境保护工程分标与招投标原则，施工期工程环境监理，环境保护阶段验收和总体验收、环境影响后评价等环保管理技术方案。

（二）基本原理

1．保护生态系统结构的完整性

生态系统的功能是以系统完整的结构和良好的运行为基础的，因此，生态环境保护必须从功能保护着眼，从系统结构保护入手。生态系统结构的完整性包括地域连续性、物种多样性、生物组成的协调性、环境条件匹配性。

2．保护生态系统的再生产能力

生态系统都有一定的再生和恢复功能。一般来说，生态系统的层次越多，结构越复杂，系统越趋于稳定，受到外力干扰后，恢复其功能的自我调节能力也越弱。相反，越是简单的系统越是脆弱，受到外力干扰后，恢复其功能的自我调节能力也越弱。

3．以生物多样性保护为核心

生物多样性对人类的生存与发展有着无可替代的意义。为保护生物多样性，应当遵循如下原则：避免物种濒危和灭绝、保护生态系统完整性、防止生境损失和干扰、保持生态系统的自然性、可持续利用生态资源、恢复被破坏的生态系统和生境。

（三）生态保护措施

1．物种多样性的保护

（1）栖息地保护——绕避措施

在建设项目选址选线时，尽可能绕避重要野生动植物栖息地。尽最大可能保障生物生存的条件。如植物生长的土壤与水的保障，动物的食源、水源、繁殖地、庇护所领地范围等。

（2）保障生物迁徙通道

设计、建造野生动物走廊、鱼类洄游通道和其他物种的特殊栖息环境，消除岛屿生境的不良效应和满足不同生物对栖息地的需求。

（3）栖息地补偿

如果建设项目影响了生物的栖息地，可在评价区的同类地区建立补偿性公园或保护区，弥补或替代拟议项目所造成的不可避免的栖息地破坏。

（4）异地保护

在不能采取就地保护的情况下，异地安置法定保护生物或珍稀濒危生物物种或进行人工繁殖、放流、哺养。

2．植被的保护和恢复

合理设计，加强施工管理，把拟议项目引起的难以避免的植被破坏减少到最低限度；注意对脆弱植被的保护对环境条件恶劣（干旱、大风、大暴雨、陡坡、岩溶等）地区植被的保护。

①保护森林和草原。禁止对森林乱砍滥伐，以保护森林资源，森林开发要边开采边植树；禁止乱开滥垦草地和过度放牧，保护草地。

②项目竣工后要对破坏植被进行恢复、再造。

③规定各类开发建设项目生态保护应达到的植被覆盖率指数。

④保存表层土壤以利于植被恢复。

3．动物的保护

重点是保护动物的生境，包括领地、庇护所及繁殖地，动物的食源和水源，主要应考虑以下几个方面的措施：

①保护野生动物的生境，给野生动物一个充分、足够大的生存空间维持健康稳定的生态系统，这是保护动物的最佳方法。

②对那些濒临灭绝的动物，在保护其生境的同时，采取必要的人工抚育手段，促进其后代的繁衍。

③保护候鸟时不仅要保护其繁殖地和越冬地，还要保护其迁徙的落脚点（沿河海口湿地或内陆湖泊沼泽湿地），供其休息和进食。

④工程建设，特别是线路类工程（公路、铁路）的建设要设置陆生动物通道，保障动物的交流和迁徙。

⑤对水产动物资源，如鱼类产卵期和幼鱼成长期采取禁渔或休渔措施；对洄游鱼类，在水利工程建设时要考虑设置专门的过鱼通道或其他补救措施。

4．土壤保护

保护土壤是保护植被生长的基础，也是水土保持的根本措施。

①施工时对工程永久占地和临时占地的土壤层先进行剥离、堆存。堆存要采取有效的防止水土流失的措施，将此土壤层用于营运期工程绿化或周边区域农田改良、城镇绿化。

②若拟建的工业建设项目排放影响土壤质量的污染物，应提出防治土壤污染的措施与对策，保障农产品质量安全。

③对于搬迁工业项目，根据用地变化情况及需要，对原址土壤进行监测。

④加强环境管理，对建设项目施工期、生产营运期的污染物排放及去向进行全过程监理与监测，建立监测档案。

5．耕地保护

耕地保护是国家的基本政策，在环境影响评价工作中根据实际情况主要考虑采取以下措施：

①尽可能绕避，不占农田，特别是基本农田。

②凡占用农田的，必须履行审批手续，并提出相应的补偿方案。并按照"先补后占"的原则落实补偿方案后，方可征占农田。

③采取减量化措施，严格控制占用农田的面积。

④占用农田的，要在农田区划定作业带或规定作业范围。

⑤工程所需填方尽可能避免在农田区取土。

6．水系保护

水是植物生长的基本条件，维护了水系，就在一定程度上维护了区域生物多样性与生态稳定性及其演替的基本条件。

水系保护既要保护主要河流，也要保护支流，使区域水网结构保持稳定。一般建设项目往往涉及水系中的某一条或几条河流，在工程施工及生产营运中要兼顾保护水量和水质，保护河流的环境功能。重点放在保护河流产、汇流区域的地形地貌与植被情况，保持河道的完整性、水流的通畅性及与水系中其他河流之间的联系。水质保护主要是采取有效措施，使施工废水、生产营运期的各类污水处理后尽可能回用，或达标后少量排放，使河流水质免受污染。不能利用的土方要弃入规定的地方或选择合适的地方，不得弃入河道、沟渠等堵塞水流的地方。

7．水土保持措施

（1）水土流失的预防措施

植树造林、种草、扩大森林覆盖面积和增加植被，包括有计划地封山育林、轮封轮牧、防风固沙、保护植被；禁止毁林开荒、烧山开荒和在陡坡地、干旱地区铲草皮、挖树；禁止在25°以上陡坡开垦种植农作物。

对铁路、公路和水电工程等建设项目，主要通过科学的设计方案和合理的施工方式，减少土地占用和植被破坏，做好废弃土石的存放和防止流失工作。对矿业和工业项目，做好弃渣、尾矿矸石的回用和堆放，防止风吹雨蚀的流失。

（2）水土流失治理措施

工程治理措施：拦渣工程，如拦渣坝、拦渣场、拦渣堤、尾矿库等；护坡工程，如削坡开级、植物护坡、砌石护坡、喷浆护坡等；土地整治工程，如回填平整、覆土和植被恢复等；防洪排水工程，如防洪堤、排洪渠、排洪涵洞、护岸堤滩等；防风固沙工程，如沙障、植物固沙等。

生物治理措施首先考虑的是绿化工程。绿化应考虑符合当地的生态条件，因地制宜建立能自我存在和稳定的植被，如选择当地树种、草种，草本或木本、乔木或灌木的选择应符合当地水分供应条件；应考虑因害设防，如防风固沙林带、种草固沙和植被化防止土壤水蚀，都应合理选地选址，注重生态效益。此外，绿化工程还应与美化建设结合，并注意符合工程保护的要求。

8．资源保护和合理利用

从可持续发展考虑，切实保护、合理利用自然资源。首先是合理利用土地，减少不合理占地，控制各种导致土地资源退化的用地方式。立足于保护生态系统的基本功能，保护好植被资源。严禁侵占重要湿地，维护湿地水环境特性，特别是水系的畅通，保护湿地动植物。防止过度捕捞，限制有损水生生物资源的捕捞方式。

9. 加强生态监测与管理

生态系统的复杂性、生态影响的长期性和由量变到质变的特点，决定了生态监测在环境管理中具有特殊重要的意义，也是重要的生态保护措施。生态监测有施工期监测，也有长期跟踪的生态监测。

生态监测的目的是了解背景及通过监测认识生态系统或其组分的特点和规律。例如，对某些作为保护目标的野生生物及其栖息地的观察和研究，没有长期的过程是不可能完全把握的。验证生态影响评价结论。这种验证不仅对评价的项目有益，而且对进行类比分析，推进生态影响评价工作也是非常有意义的。跟踪动态是指在采取了预定的生态保护措施后，跟踪监测实际效果，并根据监测结果及时采取相应的补救措施。

制订生态监测方案，监测内容应包括污染水平和生态系统功能、结构方面的变化。及时提供信息，以保证在生态系统变化未达到允许水平之前，及时采取有效措施。加强建设项目施工期的环境监理，实行全过程管理和监控。

10. 人工绿化

绿化是生态恢复与生态补偿的重要措施之一。绿化方案的原则是采用乡土物种，生态绿化，因土种植，因地制宜，不支持引进外来物种，不得占用基本农田进行绿化。主要通过绿化面积和绿化率反映是否达到绿化目标。

模块六　典型项目的生态影响评价技术要点及案例分析

一、交通运输类项目

公路分为高速公路、一级公路、二级公路、三级公路等。高等级公路（高速公路、一级公路）路基高、路面宽、工程量大，配套设施多，工程分析时涉及的内容也多，要求也较高。

铁路工程大多是大中型建设项目，铁路建设项目可分为新建（改建）铁路、铁路枢纽和铁路特大桥三大类。

（一）工程分析要点

1．工程组成

主体工程：路基工程及其路堤、路堑、桥梁工程（大桥、特大桥和互通式立交）、隧道工程。

辅助工程：如导排水沟、涵洞、通道、天桥等。

附属工程：如服务区、收费站、监控及防护设施、通信设施、标志标线等。

临时工程：如"三场"（取土场、弃土场、砂石料场）、施工道路、施工营地、加工作业场等。

2．工程分析的技术要点

明确工程组成及主要技术标准：工程分析时，注意做到工程组成完全，主要技术指标清晰。按工程全过程分析工程活动内容与方式，公路工程的全过程包括勘探、选点选线、设计、施工、试运营与竣工验收、营运等不同时期，评价中主要关注与环境影响最为密切的两个时期，即施工期和运营期。

　　明确发生主要环境影响的工程内容和点段位置：公路工程在全路程是不均匀的，有一些工程规模大、施工时间长、影响也强；公路全线的环境也是不均匀的，有一些路段特别敏感。因此，公路环境影响评价采取"点段结合、重在点上""以点为主，反馈全线"的原则，工程分析中必须对这些重点工程点段和敏感环境点段做重点分析。这样的点段包括：

　　①大桥、特大桥：若河流有取水口或河流水环境功能高者，尤为重要。

　　②长隧道：关注其弃渣量、弃渣地点、弃渣方式及防护，还有地下水疏水问题，如水源疏干、水质问题等。

　　③互通式立交桥：选择地点，占地面积与土地类型，设计优化问题，绿化工程等。

　　④高填段、深挖段：位置、规模、土石方量及其来源与去向；该点段有植被破坏、边坡稳定、景观影响、绿化工程、水土保持、阻隔、地质灾害、水文影响等多种问题。

　　⑤"三场"（取土场、弃土场、砂石料场）：需逐一明确其规模、占地面积、用地类型、作业方式、所处点段、恢复途径或方式，有水土保持方案（如弃渣挡护方式等）、取弃土方式及土地恢复利用方案、运输方式及施工便道修建等工程内容，也有植被破坏、水土流失、土地资源损失、景观影响等一系列重要生态影响问题。

　　⑥服务区：设置位置与占地类型、面积，营运规模及污染物产生量（废气、废水）。废水不仅有源强核算问题，也有纳污水体功能考察问题；服务区设置有选址环境可行性论证问题，整个服务区有污染控制问题等。

　　⑦穿越环境敏感区段：穿越自然保护区、风景名胜区、水源区和重要生态功能区、城市规划区、生态脆弱区、文物或重要的自然遗迹、人文遗迹等环境敏感区段，其工程分析更需有针对性地进行，其评价不仅应满足有关法规的要求，还要论证其科学合理性，评价其真实存在的影响。

（二）主要生态影响

1. 施工期影响

　　①路基施工：指开挖和填筑为主的施工活动。对生态影响的途径主要是改变了线型地表土地的使用性质，一般情况是：占用土地（注意基本农田）；降低生物量，降低自然系统稳定现状；干扰地表天然的物流、能流、物种流。

②桥涵工程：指开挖和填筑河道两岸，扰动局部地表现状，特别注意桥墩建设围堰（堰）对地表径流的改变，以及施工引起悬浮物增量对水生生物（尤其是土著种和特有种）的影响，如在洄游产卵季节不合理的围堰，对生态的影响是很大的。

③隧道工程：指改变地层局部构造。除产生大量弃渣外，特别注意施工引起的环境地质问题，注意地下水流态的改变引起生活用水、生态用水的影响，进而影响陆生生境和水生生境，花岗岩地区注意放射性本底调查，施工爆破噪声和振动对居民和大型野生动物的影响，矿山地区注意诱发岩体稳定和地面沉降问题等。

④站场工程：指改变局部地表土地使用现状。特别注意占用基本农田和在偏僻山区诱发城市化和人工化倾向，在天然植被分布良好拼块中开天窗，使生境破碎。

⑤辅助工程：指临时用地施工，包括施工便道、施工营地、砂石料场、临时码头、便桥、材料厂和轨排基地等。辅助工程施工主要是扰动地表，破坏植被，干扰大型野生动物的栖息，以及诱发荒漠化进程（如戈壁地区施工辅助工程扰动了地表稳定的覆盖层——砾幂、沙幂和荒漠草被，激活沙丘；山区辅助工程施工诱发水土流失——雅鲁藏布江山坡破坏了草毡土，丘陵地区施工造成大片弃用地，形成沙源等）。

注意"大临"工程，指公路、铁路建设中的桥梁厂等，由于占地面积大、施工内容特殊，施工结束后很难恢复，要做专题评价。

⑥取弃土（渣）场：指路基工程、隧道工程等自身土石方不能平衡，需另建取弃土（渣）场，这些场地施工要改变土地利用现状，改变局部生境的功能和过程，特别注意不要占用基本农田、占用生态敏感区域（如繁殖地、育幼地、主要觅食区域、野生动物饮水区和汇水区域、居民点上游、生态用水区域、易诱发荒漠化区域等）。

表 6-1 公路、铁路施工期生态影响类型和范围

工程名称	影响原因	影响类型	影响范围	生态反应
路基工程	开挖、压占土地	不可恢复	施工范围及周边	土地利用类型改变，生物量减少，地表覆盖物（植被和其他覆被）消失，干扰地面流（物流、能流、物种流）等
桥涵工程	开挖、围堰、填筑；悬浮物增量	局部不可恢复	施工范围，下游局部河段	扰动局部地表；扰动自然流态；影响水生生物

工程名称	影响原因	影响类型	影响范围	生态反应
隧道工程	开挖、填筑、爆破	局部不可恢复	施工区及声环境影响区	扰动局部地表； 可能有干扰地下水流态； 惊吓敏感动物
站场工程	开挖、压占	不可恢复	施工范围及周边	土地利用类型改变,地表覆盖物(植被和其他覆被)消失,干扰地面流(物流、能流、物种流)等
辅助工程	开挖、压占、扰动	可恢复	施工范围及周边	生物量可以恢复、种群发生变化,用地类型可能改变,干扰地面流(物流、能流、物种流)等
取弃土(渣)场	开挖、压占	可恢复	施工范围及周边	生物量可以恢复、种群发生变化,用地类型可能改变,干扰地面流(物流、能流、物种流)等

2. 运营期影响

公路、铁路建成运营表现的是线型廊道的特征。线型廊道的阻隔和阻断作用是公路、铁路生态影响的主要原因,这种作用结果经常是长期、潜在、累积和不可逆转的。

(1)线路工程

线路工程主要指线路占地形成的条带状区域。由于路基可以有全填、半挖半填、全挖三种方式,也有路基高、低的差别,因此,在不同的地形地貌区、不同的地质(含水文地质)和不同的生态敏感类型地区,表现了不同程度的切割生境,阻断和阻隔生态功能和过程的负面生态影响。

1)全挖段路基

全挖段路基的生态影响与所在区域敏感的生态保护目标关系密切,一般来讲有如下可能的影响。

①形成条件状沟堑,不仅切割生境,改变区域生态功能与过程,也使大型哺乳类野生动物无法通过;

②阻断区域内某些类型的物流、能流和物种流;

③如果与地下水水位有交叉,可以全部或部分阻断地下水的自然流态,使与地下水相关的生产、生活和生态用水受到影响;

④改变地面流,使与地面径流相关的生产、生活和生态用水受到影响。

　　2）半挖半填段路基

　　除具有全挖段可能的生态影响以外，由于挖深较浅，对地下水影响的可能性减少，但由于路基高出地面，对地面流影响的可能性增大。对地面流影响的典型区是山脚、冲洪积扇和冲洪积平原上部坡度较大的区域。

　　3）全填段路基

　　全填段矮路基：生态影响途径与半挖半填段类似，但对地下水自然流态已没有直接影响，如果是地下水补给区，则由于对地面流的阻断也要间接影响到地下水。

　　全填段高路基：除对地下水没有直接影响外，对地面物流、能流、物种流的影响最大，一般来讲有如下可能影响。

　　①切割生境，改变区域生态功能与过程，道路两侧生境质量差异日益显著，同一物种的生境被切割后，遗因无法传递，种间差异可能出现，生境被压缩后，种群面临绝灭或种群规模变小都有可能发生。

　　②阻隔地面流，尤其在山区、丘陵以及坡度较大的冲洪积扇和冲洪积平原的上部区域，由于漫流性质的地表水径流流态改变，上游雍水可能引发次生沼泽化和盐渍化，下游生态用水短缺可引起下旱化。

　　（2）桥涵工程

　　桥梁建成主要是与景观的协调，在风景秀丽的地区要注意维护区域整体景观资源的自然性、时空性、科学性和综合性，桥梁体量大小，色调配置要经过评价。

　　涵洞是为有明显河道的地面径流等进行的设计和建设，涵洞为减小路基工程负面生态影响有积极作用，有条件的线路要多设。

　　（3）隧道工程

　　隧道工程建成运行只要不改变地下水自然流态，进出口避免大规模削山劈山，它可以减小穿山带来严重的生态破坏，正面作用明显。

　　（4）站场工程

　　站场工程运行的生态影响与占地面积大小及占地类型相关密切。站场是引进拼块，呈规则的块状，是对自然系统的干扰源，要规范站场人员的行为，一般来讲，负面的生态影响是有限的。

　　（5）辅助工程和取弃土（渣）场

　　项目建成，所有的临时用地，包括取弃土场都已覆垦。这些地方的生物量可以恢复，但物种组成将有改变，这个影响可能在几十年或上百年消除，也可能永远不会恢复所有的物种。

表 6-2　公路、铁道营运期生态影响类型和范围

工程名称	影响原因	影响类型	影响范围	生态反应
线路工程	切割生境、阻隔、阻断生态功能与过程	不可恢复	由生态因子之间的相互关系决定	功能和过程受阻
全挖段路基	同上，重点考虑：阻隔动物移动,阻隔地下水,改变地面流态	不可恢复	由生态因子相互关系决定	功能和过程受阻，重点是：生物通道阻断、生境压缩、自然系统破碎化、用水目标受影响
半挖半填段基	同上，重点考虑对地面流的影响	不可恢复	同上	同上
全填段矮路基	同上，重点是对地面流（物流、能流、物种）的切割、阻断	不可恢复	同上	同上
全填段高路基	同上，程度加重	不可恢复	同上	同上，程度加重
桥梁工程	景观类型改变	不可恢复	由整体景观协调性决定	景观自然性改变
涵洞工程	改善地面流	减缓损失	局部	改善受阻地面流
隧道工程	可能改变地下水流态	不可恢复	局部	用水目标受影响，对地面流态维护有益
站场工程	可能形成干扰源	可以控制	局部	多方面影响
辅助工程和取弃土（渣）场	改变原貌	可以控制	局部	生物量恢复但物种变化

二、水利水电类项目

水利水电工程是对水资源进行控制、调配和利用的工程，常具有综合开发任务及综合利用功能。水利水电项目从其兴建目的或主要功能区分，有城市或区域防洪工程、农业灌溉工程、跨流域调水输水引水或城市供水工程、河流梯级发电工程、抽水蓄能调峰电站工程以及河流改道、防（海）潮闸坝等。

（一）工程分析要点

1. 工程组成

以蓄水发电为主的水利水电工程主要有以下工程组成：

①主体工程：如库坝、发电厂房。

②配套工程：如引水涵洞、溢洪道、过船闸等。

③辅助工程：如对外交通道路、施工道路网络、各种作业场地、取土场、采石场、弃土弃渣场等。

④公用工程：如生活区、水电供应设施、通信设施等。

⑤环保工程：如生活污水和工业废水控制设施、绿化工程等。

2．工程分析技术要点

工程分析应着重于工程活动与环境因子、环境因子之间关系的阐述，指明各影响源产生影响的过程、时限和范围。应当把所有工程组成纳入分析工作中，并进行全过程影响分析。

①在分析时段上，突出施工期和运行期的工程活动及其影响特点。因为移民安置是水利水电工程较突出的环境问题，可以将其作为一个特色的实施阶段单独分析。

②在分析流程上，先分析工程的项目组成，再分析各工程活动所产生的直接影响的方式、空间、范围和时限，之后分析次生影响的影响空间、范围和时限。

③在分析区域上，运行期应分析库区、库周、脱水段、工程下游，施工期分析工程永久占地区、临时占地区和公路沿线，移民安置阶段分析土地开垦区、建房安置区及其他安置区。

（二）主要生态影响

1．施工期影响

施工对环境的影响涉及水环境、大气环境、声环境、固体废物、水土流失、生态（动植物）、人群健康等众多环境因子。

（1）生态环境影响

①工程建设占用土地（特别是农田或基本农田），对农业、森林生态环境影响；

②爆破、土方开挖破坏地表植被，干扰野生动物的栖息；

③工程开挖、弃渣等活动造成新的水土流失。

（2）水环境影响

水利水电工程施工活动对水环境的影响主要包括生产废水和生活污水的排放对地表水和地下水的影响。生产废水主要包括砂石料冲洗废水、混凝土拌和及养护废水、机械保养冲洗废水和河道疏浚废水以及化学灌浆等生产废水。施工期生活污水主要包括施工营地及分散施工人员生活用水产生的生活污水。

（3）环境空气影响

①爆破、土石方开挖、土石方回填产生的粉尘和扬尘；

②搅拌机生产混凝土、骨料及砂石料破碎、水泥和粉煤灰运输装卸等过程中产生的扬尘；

③燃油机械及交通运输工具产生的扬尘和废气。

（4）声环境影响

①爆破产生的噪声；

②土石方开挖、砂石料加工系统及混凝土拌和系统等机械设备噪声；

③场内外交通运输产生的噪声。

（5）固体废弃物影响

施工生产废料、建筑垃圾、施工人员生活垃圾。

2．运营期影响

（1）陆生生物与生态的影响

生境破坏和片段化对生态系统稳定性的影响。水库蓄水使库区大量的植物被淹没，原有的森林群落被人为分割，造成生境的丧失和生境片段化使植物群落的结构发生变化，影响森林生态系统的结构、功能及其稳定状况。

生境丧失使陆生动物的栖息地相对缩小，对陆生生物多样性产生影响，特别是对野生动物种类、栖息地及数量、分布以及珍贵濒危、特有动植物种类、数量及分布的影响。另外，水库蓄水也将使部分动物的取食或迁徙通道被切断，或对群落内物种的散布和移居产生直接的障碍。

水库气候效应，即水库蓄水、水域面积增加，热容量相应增大，年温差有所减少，无霜期延长，这些自然条件的变化所形成的局部小气候将对植被产生影响。

（2）水生生物与生态的影响

工程建设对河流廊道生态功能的阻隔，将改变河流长期演化形成的生态环境，大坝阻隔使坝上和坝下水生生物的交流中断，特别是对洄游生物影响最为明显，有可能导致洄游性生物的灭绝。对洄游鱼类，可能使其历史形成的鱼类"三场"（产卵场、索饵场和越冬场）发生变化，使鱼类不能生存而消失。

大坝使上游库区大量集水，造成河道水文情势的变化，淹没了大量的土地，并造成坝下部分河道的断流，生态系统结构和功能发生变化对水生生物种类、数量及分布，水生生态系统及稳定状况产生影响（库区和减水河段）。

（3）水土流失的影响

工程扰动地貌、损坏植被、开挖、弃渣等活动造成水土流失。

（4）湿地生态的影响

工程区河滩、湖滨、沼泽等地下水、土壤性状变化及物种多样性变化。

（5）水环境影响

工程建设固拦蓄、引水、调水改变河流、湖泊等水体天然性状，引起的径流量、流量、流速时空分布变化、泥沙冲淤变化，包括库区和减（脱）水河段；库区及下游水环境容量发生变化，影响河流水质；工程引起区域水资源供需平衡的变化。

（6）地质环境

工程开挖兴建、蓄水后，使地质构造及岩体稳定性变化。

（7）社会环境的影响

工程带来发电、防洪、航运、旅游等综合效益；对水资源利用以及能源结构产生影响；对交通等基础设施影响。

特别要关注移民后的环境影响和生态保护问题。

（8）景观与文物影响

对景观的影响主要预测对风景名胜区、天然林保护区、疗养地、温泉、特殊地貌等自然景观和人文景观的影响；对文物的影响，主要预测对重点文物保护单位的影响。

三、矿产开采类项目

矿产资源包括有色金属、黑色金属、煤炭、非金属矿产资源和石油天然气等。除石油天然气外，对它们的开采方式主要有露天开采和地下开采之分。

（一）工程分析要点

1．工程组成

矿产资源开采类项目工程组成十分复杂，开采不同的矿产资源种类时，其开采工艺及工程组成往往有很大的差别。矿产资源的开采，既有露天开采，也有地下开采（井工开采），具体开采工艺各有不同。

（1）地下开采主要建设内容及工程组成

主体工程：井巷工程（开拓巷道、风井巷道、硐室等）、工业场地（布置有主要生产区、辅助生产区、行政及生活设施区等）及地面生产系统（原煤的地面加工系统，如破碎筛分系统、地面拣矸系统或选煤厂等）。

辅助工程：包括机修车间、煤样室、化验室、坑木加工房、炸药库及原煤、产品煤、煤矸石储存设施和排矸场、进场道路、运矸道路等。

公用工程：包括矿井的通风系统、井下排水系统、给水系统、供电系统和供暖系统等。

环保工程：包括井下水处理工程、生活污水处理工程、锅炉及热风炉烟气净化工程、地面生产系统的防尘工程和排矸场或矸石临时周转场的防尘、防渗、防流失工程。

（2）露天开采主要建设内容及工程组成

露天煤矿的主要生产环节包括煤岩预先穿爆松碎、采装、运输、排土和卸煤。

①露天矿采运排工程：采掘工程、排土场、地面运输系统。

②选煤厂主体工程：准备车间、分级车间、主厂房和浓缩车间。

③储装运系统：带式输送、煤矿工业场地对外联络道路、各类煤仓和矸石仓。

④辅助生产系统：设备维修、材料仓库、油库及加油站、爆破器材库。

⑤公用工程：行政办公区、供排水系统、供电系统、供风供热系统。

2．工程分析技术要点

矿产资源开采类项目工程分析中应特别重视固体废物（采矿剥离物、废矿石、尾矿、矿区建筑垃圾等，特别是煤矿采选产生大量的煤矸石）的类型、数量、处理处置方法、处理场选址等问题，因为固废不仅量大，而且还会产生景观影响、生态影响等严重问题。

矿产资源开采类项目的污染影响，矿业开采建设项目对水、气环境变化进而导致对生态的影响，也是重要分析内容。

与其他工程相比，矿产资源开采类项目的后期工作十分重要，因而营运后期或矿山闭矿的环保措施应是分析的重点，其中最重要的是土地复垦（以恢复为农田为主要方向的修复）。水土保持和植被重建，要使项目建设后的生态环境比项目建设前有所改善，才符合可持续发展基本原则。

（二）主要生态影响

1．地下开采环境影响

（1）对土地和植被的破坏

地上大量工程建设及设施占地造成的土地利用方式与格局的改变或破坏，征用土地及建设占地对地表植被的破坏。

（2）地表沉陷问题

地表沉陷使沉陷区的地表形态发生变化，下陷产生地表裂缝，导致土地利用格局或功能的改变，甚至农田不能耕作而弃耕；植被生长或类型发生变化；导致地面下沉，雨季容易产生积水现象。实质上是一个地质环境问题及其引发的生态环境问题，如对地表生态敏感目标的影响，由于地面沉陷造成地表植被、房屋及文物的损坏；若处于山丘区，还可能因地表沉陷造成滑坡、泥石流等相关地质灾害。

（3）地下水资源受破坏问题

主要是采掘中的矿井疏干水问题，一方面是对疏干矿井水的利用；另一方面是疏干矿井水后对地下水资源的影响，地下水的水文特征、水系循环都会随之受到影响。

（4）景观生态影响问题

废石堆放对矿区景观会产生影响，废石或煤矸石堆放还会占用土地资源、破坏植被、污染土壤、容易引发崩塌、滑坡、泥石流等灾害。煤矸石堆放产生自燃和粉尘污染，甚至矸石山爆炸问题。

2．露天开采环境影响

（1）土地占用

采矿场地、废石或矸石场以及地面附属设施等的建设均需要占用一定面积的土地，影响了原有土地的使用功能。

（2）对水资源的影响

采矿使地下水形成疏干漏斗，对区内的地下水资源会产生一定的影响。

（3）对植被的破坏

以直接挖损和外排土场占地生态影响为主，露天开采占地面积大，对植被的破坏是最严重的，这既是地表生态破坏最突出的问题，也是生态评价的重要内容。

（4）对河流水系的破坏与污染

一是对河道的影响；二是对流域汇水区的影响。有的露天开采项目可能涉及河流改道，有的则可能影响流域汇水、河流水质和水量。

3．尾矿库环境影响

配备选矿厂的金属矿采选建设项目，其选矿厂排放的尾矿均需送入尾矿库。尾矿库的垮坝风险，虽然主要是安全问题，但对环境的破坏或污染往往也很突出。同样，露天开采的排土排石场不仅大量压占土地，破坏植被，外排土场边坡如果不稳定，容易产生滑坡，将会造成较大的生态影响。

四、社会区域类项目

以房地产项目为主，简要说明其生态影响评价特点。

（一）工程分析要点

大面积新区建设或处于生态敏感区附近的房地产开发建设项目，生态影响是比较明显的。在工程分析中主要分析内容有以下方面：

①项目位置、工程数量（取弃土量、水泥砂石用量、用水量及来源等）、施工方式、施工时间、进度安排、施工人员、施工条件、工程投资等；

②工程建设用地及绿化用地情况；

③工程地质和水文地质；

④供电设施、供气设施、供热设施、排水设施、通信设施等；

⑤配套工程，如地下车库、商场、体育或游乐设施；

⑥道路交通设施（可依托的既有道路或需要新建的道路）；

⑦拟建项目周边环境，如其他居民住宅区分布情况，学校、医院等公共设施情况，特别是有无工业污染源。

（二）主要生态影响

一般按分期进行影响评价为佳，也可以按工程建设内容进行影响评价。主要内容包括以下方面：

①分析评价是否符合区域生态功能区划：分析建设项目与生态功能区划、生态

建设规划、当地环境保护部门制定的环境保护规划或计划、开发区建设规划等的符合性。

②对敏感生态保护目标的影响：明确建设项目与敏感目标的位置关系，是否占用其土地，工程对其影响的方式、程度，短期影响还是长期影响，能否通过采取相关措施得以避免，影响可否接受。重点分析评价对主要保护对象的影响。

③分析评价工程占地导致的土地利用方式改变情况。

④工程占地导致的生物量损失与生态效益损失。

（三）生态保护措施

针对建设项目的不同时期，分阶段考虑房地产开发项目的生态环境保护措施。

1. 设计期

①从设计中避免不利生态影响的产生；对无法避免的生态影响，提出将影响降至最低的措施，将不利影响消除或减至最小。

②体现如何维护生态系统的完整性和服务功能。

③考虑如何优化设计方案，特别是临时用地。

④尽可能减少占地，保护自然植被，保护种质资源。

⑤景观协调。

2. 施工期

①重点解决如果减缓不利生态影响问题。

②尽可能避免或减缓施工活动对保护区及保护区主要保护对象的影响。

③规范施工方案。

④施工布局合理。

⑤协调土石方调运，尽可能减少填挖方作业。

⑥保护自然植被。

⑦保护工程未占地区的土壤层。

⑧充分利用工程占地区的土壤层。

3. 营运期

①重点解决如何改善生态问题，促进生态良性发展。

②加强生态建设，指出主要建设内容，必要时给出生态建设方案。生态建设包括绿化、生态整治、有利于改善生态的工程建设内容、供水和土壤保护、生物多样性保护等。

③绿化方案或措施的落实，预期达到的效果，本地物种的选择等。

④水土保持措施。

五、案例：体育公园及生态居住用地建设项目

（一）项目概况和评价等级

本项目位于某滨海旅游度假区地段，总占地面积为 82 hm²，均处于某村范围内。项目总投资 7 000 万元人民币，建设集娱乐、体育运动、休闲于一体的现代化海滨旅游设施配套区。

项目主要建设内容包括：体育公园 1 座（含篮球场、足球场、高尔夫球练习场及配套体育设施等，占地面积 52 hm²）、三层商业楼 1 栋（占地面积 1.6 hm²，建筑面积 25 000 m²）、六层游客休闲活动中心 1 栋（占地面积 0.8 hm²，建筑面积 28 000 m²），三层住宅楼 18 栋（占地面积 0.5 hm²，建筑面积 16 000 m²）、配套道路（占地面积 0.3 hm²）。其中商业楼一层预留作为餐饮功能；每栋商业楼地下均设置一个化粪池和隔油池，分别处理生活污水和含油污水，商业楼和活动中心内设置中央空调，其冷却塔（各 5 台）位于顶层。项目建成后，提供体育休闲活动服务和游客住宿服务。

通过现场查勘，项目区未发现珍稀濒危动植物，区域内的植物也多是周围广泛分布的本土物种，建设项目不会造成物种的灭绝和消失，对区域生物多样性不会造成显著的影响，工程影响区域的生态敏感性属于一般。根据《环境影响评价技术导则 生态影响》（HJ 19—2011）表 1 确定本项目生态环境影响评价等级为三级。根据项目评价工作等级，确定生态环境影响评价范围为：体育公园及生态住宅用地占地范围内的陆地生态系统。

（二）项目工程环境影响因素分析

1．施工期生态环境影响分析

本项目建设期场地施工，地基开挖，土石填筑等工程建设对生态环境的影响是多方面的，受影响环境要素主要包括对土壤、临近水体、植被、野生动物及景观等的影响。根据本项目的特点，工程建设可能产生的不利生态环境影响因素见表 6-3。

表 6-3　拟建项目对生态环境的不利影响因素

影响因素类型	可能产生的环境影响	产生影响的工程环节
水土流失	工程施工的挖方填方造成水土流失	施工期
水质污染	施工期水土流失与人为活动以及运营期旅游活动造成对地表水水质的污染	施工期与运营期
植物破坏	施工期建设区域植物砍伐及运营期人为干扰	施工期与运营期
野生动物行为干扰	施工过程的机械噪声、人为活动与运营期阻隔及旅游活动对动物的干扰	施工期与运营期
景观影响	项目建成运营改变原有的自然景观	运营期

（1）水土流失分析

本项目施工中产生水土流失的主要原因有两个，即降雨因素和工程因素。

1）降雨因素

项目所在地位于北回归线以南，南濒南海，属南亚热带海洋性季风气候区，本区雨量充沛，多年平均降雨量为 1 895.7 mm，降雨年际和季节变化大，历年最大降雨量达 2 583.2 mm，最小降雨量仅 1 345.1 mm，降雨集中在 4—10 月，占全年的88.9%，详见表 6-4。由此可见，该体育公园所在地区降雨量大、降雨时间长且多集中在 4—9 月是区内降雨的一个特点。体育公园在雨季施工是不可避免会产生水土流失问题的。

表 6-4　连续 15 年各月平均降雨量表　　　　　单位：mm

月份	1	2	3	4	5	6	7	8	9	10	11	12	全年
雨量	36.1	42.4	65.8	156.8	253.8	352.8	295.4	317.3	192.6	116.6	33.0	33.1	1 895.7

2）工程因素

工程因素是体育公园建设引起水土流失的人为因素，它通过影响导致土壤侵蚀发生的自然因素而起作用。体育公园建设对工程范围内的植被、土壤和地形等均有影响，现分述如下：

①植被因素。建设期间要进行体育公园表土层构筑，对区域内的大部分植被、树木进行清除，再植上标准的草皮，因此，在工程建设期间，植被就会遭到严重破坏，从而使区域内土壤失去保护，增大了水土流失的可能性。

②土壤因素。土壤是侵蚀的对象，因而土壤本身固有的微粒、化学和矿物质性质与水土流失有很大的关系，也就是说不同的土壤抵抗侵蚀的能力不同。体育公园施工特别是土石方工程中必然会出现大量挖土和填土，自然土壤的结构受到破坏，抵抗侵蚀能力较强的表层土壤在土石方量中所占的比例很小，填挖过程中的工程土壤结构松散，有机质含量很小，抵抗侵蚀的能力也大为减弱。据测定，工程土壤有机质含量多小于 0.5%，未被压实的土壤容重一般小于 1.4 g/cm^3，机械组成中以砂粒和粉尘为主，黏粒含量较小，土径之间结构松散，易被冲刷。

基于以上的各种因素，建设期如不采取有效措施，将会不可避免地出现水土流失状况，给场内及周边的生态环境造成不利影响。根据项目工程设计资料，项目需施工面积 819 664 m^2，在平整土地过程中，挖、填工程会使大面积的土地裸露，同时产生大量的土石弃方，在下雨时会因改变了地面径流条件而造成较大的水土流失，对周围河流等将会造成较大的影响。按项目平面规划，项目在建设过程中用地完全裸露。按项目规划，建设施工期约 24 个月，则造成水土流失量约为 2 580 t。

（2）对土壤和景观的影响分析

施工期由于机械的辗压及施工人员的践踏，在施工作业区周围的土壤将被严重压实，部分施工区域的表土将被铲去，另一些区域的表土将可能被填埋，从而使施工完成后的土壤表土层缺乏原有土壤的肥力，不利于植物的生长和植被恢复。

（3）对陆生植物的影响分析

体育公园采用大面积人工环境改造，给原有生态系统造成了不同程度的影响。大面积的地表改造将使大量原有植物被破坏，导致植物种群、数量等方面的变化。这种影响一直贯穿体育公园的整个建设期和营运期。如果不采取必要的保护措施，会对当地植物造成严重的后果，导致植物种类的锐减。

（4）对陆生动物及其栖息地的影响

施工期作业机械发出的噪声、产生的振动以及施工人员的活动会使建设地域及其附近的陆地动物暂时迁移到离建设地较远的地方，鸟类会暂时飞走。因为本区域大部分丘陵山地，有较大面积的山林，生物多样性水平较高，故本项目的建设对鸟类有一定的影响。由于项目的开发建设，现存的植物群落大部分将被破坏，现存的植物种类数量也会明显减少。但项目所在地现存的物种是周边地区常见的物种，因为开发建设区域并没有国家和地方规定的保护物种，所以本项目并没有影响到濒危珍稀物种的保护。

（5）生态景观影响分析

项目建设期间需要进行大量的表土层再造和土建施工，且施工期在一年以上，项目施工期间裸露的地面、对场址原有植被的破坏和在建的工程在一定程度上都会对该地区景观在感官上、视觉上造成一定的影响。

2. 运营期生态环境的影响分析

运营期草场维护，化肥、农药的施用污染土壤、水体，从而对陆生生态产生不利影响；工程建设占用土地资源，导致土地利用变更，对生态景观造成影响。

（1）农药、化肥施用对生态环境的影响

由于绿化的需要，在营运过程中体育公园内必须施用化肥和农药。农药、化肥的施用过程中主要对体育公园内及周边地区水体和土壤产生影响。

①对水体的影响：该体育公园施用的农药和化肥可能对污染项目所在地地表水及周围海水水质。

②对土壤的影响：化肥、农药通过雨水渗流到土壤中可能污染土壤，给人及其他生物带来潜在的危害。

（2）生态景观影响分析

根据体育公园整体建设要求，各项工程建设完成后，整体景观已经与原有的林地、荒山完全不同，取而代之的是各种人工建筑、交错的车道及大面积的绿化植被和草场。现有的体育公园规划对该地区景观造成一定影响。

3. 生态环境的影响识别

根据项目工程分析及上述影响因素分析的结果，对生态环境影响因素识别如表 6-5 所示。

表 6-5　环境影响因素识别

建设项目实施的不同阶段		影响要素					
		土壤	水质	陆地植被	陆地动物	生态景观	生物多样性
建设期	地形再造	▲1	▲1	■3	■3	■3	▲3
	体育公园表土层再造						
	体育公园道路						
运行期	草场维护	■2	■2	■2	■2	□	□
	体育公园运营						

注：▲短期负效应；■长期负效应；□长期正效应；1、2、3表示影响程度增加。

结合工程分析确定本次环评工作的重点是：

①建设期：以土石方开挖、体育公园表土层构筑、体育公园道路等工程对水土保持造成的影响，以及原有植被的保持为评价重点。

②运营期：以化肥、农药的施用对水体、土壤的影响，以及土地利用状况等生态问题为评价重点。

（三）生态环境现状调查与评价

生态环境现状主要采用路线调查与样方调查相结合方法，辅以资料收集、走访附近居民、遥感影像及 GIS 空间分析等手段。调查工作共设置样方 8 个，调查指标包括植物物种、生物量；木本植物胸径、基径、高度，植被盖度、密度、频度，土壤因子等。

1．土地利用现状

项目区域现状土地利用类型包括林地约 71.53 hm^2、荒草地 5.53 hm^2、果园 1.23 hm^2、农田 0.18 hm^2、水塘 2.93 hm^2。工程区域内林地主要分布于山体下部及谷地，还包括村边林、海岸防护林；荒草地主要分布于山体上部及路边荒地；果园包括某村东北部与某村西南部的龙眼果园；旱地与果园面积较少，主要分布在某村、禾塘头周围山脚，主要种植蔬菜、水稻；水塘包括边塘水库、某村周边的水塘，前者主要用于灌溉蓄水，后者主要为养鱼塘。评价区域内土地利用现状见表 6-6。

表 6-6　项目评价区域土地利用现状统计表

土地利用类型	林地	荒草地	果园	农田	水塘	村落	总计
面积/hm²	71.53	5.53	1.23	0.18	2.93	0.57	81.97
百分比/%	87.26	6.75	1.50	0.22	3.57	0.70	100

2. 生物物种资源现状

根据对项目区域及周边约 200 m 范围内的调查，未见有国家级保护动植物种类与地方挂牌的古树名木。项目区域内植物种类主要包括马尾松（*Pinus massoniana*）、杉树（*Cunninghamia lanceolata*（Lamb.）Hook）、鸭脚木（*Schefflera octophylla*（Lour.）Harms）、五味子树（*Schisandra chinensis*）、小叶榕（*Ficus microcarpa*）等乔木树种；灌草种类较为多样，包括露兜树（*Pandanus tectorius*）、刺葵（*Phoenix hanceana*）、山乌桕（*Sapium discolor*）、香叶树（*Lindera communis*）、锡叶藤（*Tetracera asiatica*）、匙羹藤（*Gymnema sylvestre*）、菝葜（*Smilax china*）、海金沙（*Lygodium japonicum*）、凤尾蕨（*Pteris vittata*）、九节（*Psychotria rubra*）、两面针（*Zanthoxylum nitidum*）、野牡丹（*Melastoma candidum*）、越南叶下珠（*Phyllanthus cochinchinensis*）、雀梅藤（*Sageretia gracilis*）、羊角扭（*Strophanthus divaricatus*）、石斑木（*Raphiolepis indica*）、豺皮樟（*Litsea rotundifolia*）、黑面神（*Breynia fruticosa*）、马缨丹（*Lantana camara*）、盐肤木（*Rhus chinensis* Mill.）、野牡丹（*Melastoma candidum*）、娃儿藤（*Tylophora ovata*）、乌药（*Lindera aggregata*）、三叉苦（*Evodia lepta*）、了哥王（*Wikstroemia indica*）、山芝麻（*Helicteres angustifolia*）、黄牛木（*Cratoxylon cochinchinense*）、鸦胆子（*Brucea javanica*）、牡荆（*Vitex quinata*）、假鹰爪（*Desmos chinensis*）、广东络石藤（*Psychotria serpens*）、芒萁（*Dicranopteris pedata*）、蔓生莠竹（*Microstegium vagans*）、无根藤（*Cassytha filiformis*）、野漆树（*Rhus succedanea*）、山菅兰（*Dianella ensifolia*）、土茯苓（*Smilax glabra*）、鹧鸪草（*Eriachne pallescens*）、白茅（*Imperata cylindrica*）、芒草（*Aristida chinensis*）、小果倒地铃（*Cardiospermum halicacabum*）、土牛膝（*Achyranthes aspera*）、青葙（*Celosia argentea*）、蟛蜞菊（*Wedelia trilobata*）等；其他还包括龙眼、荔枝、番木瓜、番石榴、番薯、莴苣、葱、水稻、红薯、萝卜、白菜、生姜、芋头、花生、香蕉、芒果、苦楝等经济植物种类。特别是村边林中有小叶榕、龙眼、五味子树等古树，据村民反映，树龄上百年，市场报价 10 万元以上。工程区域野生动物种类少见，偶见有鸟类飞翔；周边农民常见家养动物包括黄牛、

水牛、狗、鸡、鸭、鹅等。

3. 植被现状

根据实地调查，项目所在区域植被可分为自然植被与人工植被两种植被型共 7 种群落类型，分别为马尾松-桃金娘、梅叶冬青群落，马尾松-桃金娘、岗松-芒萁群落，桃金娘-芒萁群落，龙眼、鸭脚木-豺皮樟群落，木麻黄群落，龙眼群落，水稻、花生、番薯群落。

（1）自然植被

1）马尾松-桃金娘+梅叶冬青群落

该群落类型为项目区域内自然植被，主要分布于山脚与谷地。根据样方调查结果显示，群落乔木层高度约 9.0 m，灌层高度约 0.9 m，盖度约 95%。乔木层结构简单，以马尾松为优势种，偶见有杉树；灌层结构较复杂，物种多样，以桃金娘、梅叶冬青占优势，还伴生露兜树、刺葵、山乌桕、香叶树、锡叶藤、匙羹藤、菝葜、野藤枝、海金沙、凤尾蕨、九节、两面针、野牡丹、越南叶下珠、雀梅藤、羊角扭、石斑木、豺皮樟、黑面神、马缨丹、盐肤木、野牡丹、娃儿藤、乌药、三叉苦、了哥王、山芝麻、黄牛木、鸦胆子、鸭脚木、牡荆、假鹰爪、广东络石藤、芒萁、蔓生莠竹、无根藤等植物种类。

乔木层马尾松每 100 m² 约 5 棵，平均高度 7.3 m，平均胸径 16.4 cm，根据福建省马尾松二元立木材积表估算该群落类型中马尾松材积，其公式为：$V=0.000\,062\,341\,803D^{1.855\,149\,70}H^{0.956\,824\,92}$（$H$ 平均树高，D 平均胸径），该群落每公顷马尾松材积约 37.5 m³；灌草层生物量（地上部分鲜重）约为 1.8 kg/m²。

2）马尾松-桃金娘+岗松-芒萁群落

该群落主要为评价区域内的主要植物群落类型，主要分布在项目区域内的寮望栋、迎牌山山体坡地上。根据样方调查结果，群落高度约 5.0 m，盖度为 70%～95%。乔木层马尾松为优势种；灌层以桃金娘、岗松为优势种，高度约 0.5 m；草本层以芒萁为优势种，伴生梅叶冬青、野漆树、石斑木、广东络石藤、野牡丹、羊角扭、山菅兰、茯苓、海金沙、无根藤、鹧鸪草、白茅、芒草等植物种类。

乔木层马尾松每 100 m² 约 6 棵，平均高度 4.0 m，平均胸径 7.8 cm，每公顷材积约 6.6 m³；灌草层生物量（地上部分鲜重）约 2.2 kg/m²。

3）桃金娘-芒萁群落

该群落类型主要分布于工程区域内山体顶部及局部人为严重干扰区域。主要植物种类有桃金娘、岗松、梅叶冬青、野漆树、石斑木、箣櫄、广东络石藤、野牡丹、羊角扭、方茎耳草、山菅兰、茯苓、海金沙、无根藤、鹧鸪草、白茅、芒草等植物种类。

4）龙眼+鸭脚木-豺皮樟群落

该群落主要分布在项目区域周边村边林，主要种类为龙眼、鸭脚木、芒果、小叶榕、五味子树等常绿乔木树种，林下有豺皮樟、九节、石斑木、水茄、马缨丹等灌木，外观为亚热带常绿阔叶林，由于人为干扰强烈，种类不丰富，外来植物入侵明显。部分种类树龄较长，树木高大，高达 10 m 以上。

（2）人工植被

1）木麻黄群落

该群落分布于评价区域内海岸带局部，为人工种植的木麻黄群落，其他植物种类还包括箣仔树、扶桑等。

2）龙眼群落

该群落类型主要指评价区域内果园中植物群落，主要为龙眼，部分为荔枝、芒果、黄皮、番石榴等。局部种植小白菜、葱、大蒜、生姜等蔬菜。

3）水稻群落、花生群落、番薯群落

工程区域局部为水田，雨季种植水稻，旱季种植、花生、番薯或白菜、莴苣等蔬菜植物。

4.生态环境现状评价

覆盖度和结构是植被的基本特征，绿色植物的生物量和生产量是生态系统物流和能流的基础，是生态系统最重要的特征和最本质的标志。此外，生态系统的稳定性与生物种类的多样性一定条件下呈正相关；同时，生物种类的多样性是生物充分利用环境的最好标志。

项目所在区域植被可分为 7 种群落类型，野生的植物种类主要为灌木和草本，属于个体小、容易传播、适宜在干扰强度大的生境中生存的种类，区域内未发现被列为保护的动植物。项目区域内的自然植被以草层密结构为主，部分区域有乔草、灌草两层密结构，覆盖度较高（70%～95%）；但由于人类活动的影响，植物群落的结构较为简单，大部分植物群落的结构并不完整。

7 种植物群落的生物量变化较大，与南亚热带演替顶极群落的生物量（400 t/hm^2）相比，其值相对较小。项目所在地现状植被处于人为破坏后缓慢恢复的水平，由于植被的生物量较低，评价区域植被控制环境质量和改造环境的能力相对较弱。

调查发现，项目区域旁某村的村边林，林中分散分布着小叶榕、龙眼、五味子树等古树，估计10棵左右。该地区客家农村民房依山建造，屋后几乎都是浓郁茂密的树林。据当地人反映，这些树林大多数是祖辈传下来的，以自然村落后山成片营造，树龄已有上百年的历史。这些树林，起着固定水体、挡风沙、防台风、涵养水源、调节气候和保护房屋的多种作用，当地人视之为"风水林"并认为神圣不可侵犯，应受到严格保护。虽然该项目建设范围不包括某村在内，但是项目区域与这些村边林相距甚近，在建设期施工阶段和运营期应考虑对其加以特别关注和保护。

（四）生态环境保护与恢复措施

项目所在区域植被丰富，植物生物量较大，因此，必须做好生态保护和恢复措施。建议项目关注并落实以下几点措施以进一步保障生态环境质量。

1. 施工期生态环境保护措施

①施工中的挖方、填土除应遵照设计方案进行外，还应做到边开采、边平整、边绿化，依地形有计划、有步骤进地行，避免一刀切的方式，尽量使坡面较平缓，以利于植被生长。利用挖方土作为填方土时应随挖随填、及时压实。

②对施工中产生的弃方应进行表土剥离，剥离下来的表土可用于体育公园及弃土场的绿化工程。对弃土场也应遵照设计方案进行定点堆置，并依据实际情况，设置排水沟，同时对弃土场及时夯实，施工结束后，还应采取覆土措施，尽可能采用剥离下来的表土，一方面有利于植被的再生和恢复，另一方面也是对土壤资源的充分利用。

③合理进行施工组织。施工时应尽量避开雨季。对于受雨季影响较大的工程项目如路基土石方工程等宜安排在非雨季施工。

④边坡防护工程应尽可能利用工程施工中，特别是清理路面时不必移载或无法移植的植物，包括充分利用原有草皮和乔、灌树种的活枝条（扦插），结合护坡工程，加速边坡绿化固土。

⑤避免外来物种对本区域内生态系统的干扰，在本工程中，不应用外来植物种实施绿化，而应完全采用本地物种。

⑥对施工临时用地，施工完毕后也应及时绿化。

⑦富巢村周围的村边林，位于本项目边界处，可能会在本项目施工过程中受到

影响。其中，约有 10 株高大乔木（小叶榕、龙眼和五味子树）的树龄较长，必须就地保护，不得砍伐或转移。同时，应保持其半径 10 m 内的小生境不变。

⑧加强施工人员环境保护意识，对施工营地的生活垃圾、生活污水妥善处理。同时，建立施工期环境监理制度，在与施工方签订合同时附加生态保护条款。

2．营运期生态环境保护措施

①严格配制不能使用假冒伪劣、污染环境、国家禁止的农药。配制农药的容器和用具要用陶、木、玻璃或塑料制品，切忌使用金属器具，以免发生化学反应，降低药效甚至产生毒害。切忌长期使用一种药剂，控制抗药性的发生和发展，提高农药的使用效果。可考虑采用生物杀虫剂，此类杀虫剂针对性强，毒性小。

②球场草坪杂草去除可多采用人工拔除，尽量减少除草剂的使用量。严格制订体育公园的管理规定，必须密切关注每天的气象变化，避免大雨、暴雨前和大风等气象条件下施用农药，防止减少农药流失或飘洒对环境及施药人员的污染影响。

③运营期应采取雨污分流的排水制度，建设完善的场内排水管网，提高中水回用率，并采用节水型的喷、滴灌方式，提高水资源的利用率。

④对现有植被加强保护；在保障体育公园基本功能及安全的前提下，尽量营造近自然的生态环境；在体育公园内水域适当放养一些鱼类或其他软体动物，并引种一些本地或广布的水生植物，构建水生生态系统。

模块七　生态环境状况评价技术及案例分析

一、生态环境状况评价概述

（一）生态环境状况评价

生态环境状况评价是指利用一个综合指数（生态环境状况指数，EI）反映区域生态环境的整体状态，指标体系包括生物丰度指数、植被覆盖指数、水网密度指数、土地胁迫指数、污染负荷指数 5 个分指数和 1 个环境限制指数。5 个分指数分别反映被评价区域内生物的丰贫、植被覆盖的高低、水的丰富程度、遭受的胁迫强度、承载的污染物压力；环境限制指数是约束性指标，指根据区域内出现的严重影响人居生产生活安全的生态破坏和环境污染事项对生态环境状况进行限制和调节。

生态环境状况评价包括一般区域的生态环境状况评价和专题生态区生态环境状况评价，专题生态区包括生态功能区、城市和自然保护区。

（二）生态环境状况评价工作流程

生态环境状况评价工作流程如图 7-1 所示。

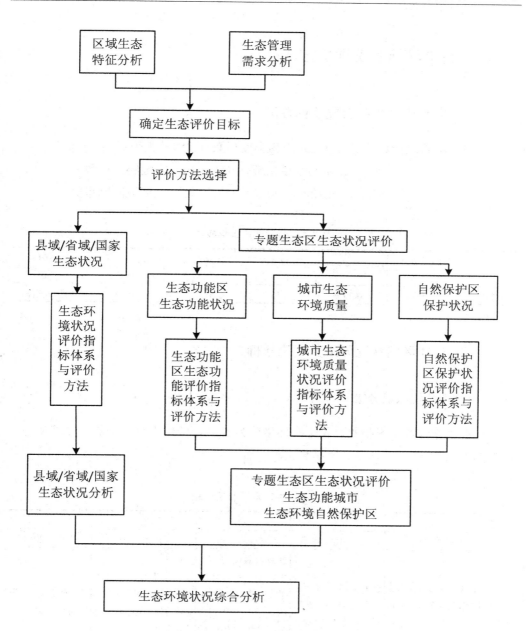

图 7-1　生态环境状况评价工作流程

二、生态环境状况评价方法

（一）生态环境状况指数计算方法

生态环境状况指数（EI）=0.35×生物丰度指数+0.25×植被覆盖指数+0.15×水网密度指数+0.15×（100−土地胁迫指数）+0.10×（100−污染负荷指数）+环境限制指数

表 7-1　各项评价指标权重

指标	生物丰度指数	植被覆盖指数	水网密度指数	土地胁迫指数	污染负荷指数	环境限制指数
权重	0.35	0.25	0.15	0.15	0.10	约束性指标

（二）生态环境状况分级及变化分析

1. 生态环境状况分级

根据生态环境状况指数，将生态环境分为 5 级，即优、良、一般、较差和差，见表 7-2。

表 7-2　生态环境状况分级

级别	优	良	一般	较差	差
指数	EI≥75	55≤EI＜75	35≤EI＜55	20≤EI＜35	EI＜20
描述	植被覆盖度高，生物多样性丰富，生态系统稳定	植被覆盖度较高，生物多样性较丰富，适合人类生活	植被覆盖度中等，生物多样性一般水平，较适合人类生活，但有不适合人类生活的制约性因子出现	植被覆盖较差，严重干旱少雨，物种较少，存在着明显限制人类生活的因素	条件较恶劣，人类生活受到限制

2．生态环境状况变化分析

根据生态环境状况指数与基准值的变化情况，将生态环境质量变化幅度分为 4 级，即无明显变化、略有变化（好或差）、明显变化（好或差）、显著变化（好或差）。各分指数变化分级评价方法可参考生态环境状况变化度分级，见表 7-3。

表 7-3　生态环境状况变化度分级

级别	无明显变化	略微变化	明显变化	显著变化
变化值	$|\Delta EI|<1$	$1\leqslant|\Delta EI|<3$	$3\leqslant|\Delta EI|<8$	$|\Delta EI|\geqslant8$
描述	生态环境质量无明显变化	如果 $1\leqslant\Delta EI<3$，则生态环境质量略微变好；如果 $-1\geqslant\Delta EI>-3$，则生态环境质量略微变差	如果 $3\leqslant\Delta EI<8$，则生态环境质量明显变好；如果 $-3\geqslant\Delta EI>-8$,则生态环境质量明显变差；如果生态环境状况类型发生改变，则生态环境质量明显变化	如果 ΔEI,则生态环境质量显著变好；如果 $\Delta EI\leqslant-8$,则生态环境质量显著变差

如果生态环境状况指数呈现波动变化的特征，则该区域生态环境敏感，根据生态环境质量波动变化幅度，将生态环境变化状况分为稳定、波动、较大波动和剧烈波动，见表 7-4。

表 7-4　生态环境状况波动变化分级

级别	稳定	波动	较大波动	剧烈波动
变化值	$|\Delta EI|<1$	$1\leqslant|\Delta EI|<3$	$3\leqslant|\Delta EI|<8$	$|\Delta EI|\geqslant8$
描述	生态环境质量状况稳定	如果$|\Delta EI|\geqslant1$，并且 ΔEI 在 3 和-3 之间波动变化，则生态环境状况呈现波动特征	如果$|\Delta EI|\geqslant3$，并且 ΔEI 在 8 和-8 之间波动变化，则生态环境状况呈现较大波动特征	如果$|\Delta EI|\geqslant8$，并且 ΔEI 变化呈现正负波动特征，则生态环境状况剧烈波动

（三）生物丰度指数计算方法

1．生物丰度指数计算方法

$$生物丰度指数=（BI+HQ）/2$$

式中：BI 为生物多样性指数，评价方法执行《区域生物多样性评价标准》

（HJ 623）；HQ 为生境质量指数；当生物多样性指数没有动态更新数据时，生物丰度指数变化等于生境质量指数的变化。

2. 生境质量指数计算方法

生境质量指数= A_{bio}×（0.35×林地面积+0.21×草地面积+0.28×水域湿地面积+0.11×耕地面积+0.04×建设用地面积+0.01×未利用地面积）/区域面积

式中：A_{bio} 为生境质量指数的归一化系数，参考值为 511.264 213 106 7。

表 7-5　生境质量指数各生境类型分权重

	权重	结构类型	分权重
林地	0.35	有林地	0.6
		灌木林地	0.25
		疏林地和其他林地	0.15
草地	0.21	高覆盖度草地	0.6
		中覆盖度草地	0.3
		低覆盖度草地	0.1
水域湿地	0.28	河流（渠）	0.1
		湖泊（库）	0.3
		滩涂湿地	0.5
		永久性冰川雪地	0.1
耕地	0.11	水田	0.6
		旱地	0.4
建设用地	0.04	城镇建设用地	0.3
		农村居民点	0.4
		其他建设用地	0.3
未利用地	0.01	沙地	0.2
		盐碱地	0.3
		裸土地	0.2
		裸岩石砾	0.2
		其他未利用地	0.1

【基本概念】

1. 生境质量指数

评价区域内生物栖息地质量，利用单位面积上不同生态系统类型在生物物种数量上的差异表示。数据来源：遥感监测。

2. 林地

生长乔木、灌木、竹类等的林业用地。包括有林地、灌木林地、疏林地和其他林地。单位：km^2。数据来源：遥感监测。

（1）有林地

郁闭度大于 0.20 的天然林和人工林，包括用材林、防护林等成片林地。单位：km^2。数据来源：遥感监测。

（2）灌木林地

灌木覆盖度 0.30 以上的林地，包括国家特别规定灌木林地和其他灌木林地。单位：km^2。数据来源：遥感监测。

（3）疏林地

郁闭度为 0.10 ~ 0.20 的稀疏林地。单位：km^2。数据来源：遥感监测。

（4）其他林地

包括未成林造林地、迹地、苗圃及各类园地（果园、桑园、茶园、经济林）等在内的其他林地。单位：km^2。数据来源：遥感监测。

3. 草地

以生长草本植物为主，覆盖度在 5% 以上的天然草地、改良草地和割草地，包括以牧为主的灌丛草地和郁闭度在 0.10 以下的疏林草地。单位：km^2。数据来源：遥感监测。

（1）高覆盖度草地

覆盖度大于 50% 的天然草地、改良草地和割草地，此类草地一般水分条件较好，草被生长茂密。单位：km^2。数据来源：遥感监测。

（2）中覆盖度草地

覆盖度为 20% ~ 50% 的天然草地和改良草地，此类草地一般水分不足，草被较稀疏。单位：km^2。数据来源：遥感监测。

（3）低覆盖度草地

覆盖度为 5% ~ 20% 的天然草地，此类草地水分缺乏，草被稀疏，牧业利用条件较差。单位：km^2。数据来源：遥感监测。

4. 耕地

耕种农作物的土地，包括熟耕地、新开荒地、休闲地、轮歇地、草田轮作地；耕种3年以上的滩地和滩涂。单位：km^2。数据来源：遥感监测。

（1）水田

有水源保证和灌溉设施，在一般年景能正常灌溉，种植水稻、莲藕等水生作物的耕地，包括实行水稻和旱地轮种的耕地。单位：km^2。数据来源：遥感监测。

（2）旱地

无灌溉水源和设施，靠天然降水生长作物的耕地；有水源和浇灌设施，在一般年景能正常灌溉的旱作物耕地；以种菜为主的耕地，正常轮作的休闲地和轮歇地。单位：km^2。数据来源：遥感监测。

5. 水域湿地

天然陆地水域和水利设施用地，包括河渠、水库、坑塘、海涂、滩地和沼泽。单位：km^2。数据来源：遥感监测。

（1）河流（渠）

天然或人工形成的线状水体。单位：km^2。数据来源：遥感监测。

（2）湖泊（库）

天然或人工作用下形成的面状水体。包括天然湖泊、河流、人工水库和坑塘等。单位：km^2。数据来源：遥感监测。

（3）滩涂湿地

海滩、河滩、湖滩和沼泽的总称，海滩指沿海大潮高潮位与低潮位之间的潮浸地带；河滩和湖滩指河流和湖泊常水位至洪水位间的滩地；沼泽指地势平坦低洼，排水不畅，长期潮湿，季节性积水或常积水，表层生长湿生植物的土地。单位：km^2。数据来源：遥感监测。

6. 建设用地

城乡居民点及县辖区以外的工矿、交通等用地。单位：km^2。数据来源：遥感监测。

（1）城镇建设用地

大、中、小城市及县镇以上建城区用地。单位：km^2。数据来源：遥感监测。

（2）农村居民点

农村聚落用地。单位：km^2。数据来源：遥感监测。

（3）其他建设用地

独立于城镇以外的厂矿、大型工业区、采石场，以及交通道路、机场及特殊用地。单位：km^2。数据来源：遥感监测。

7. 未利用地

未利用的土地，难利用的土地或植被覆盖度小于5%且未利用的土地，包括沙地、盐碱地、裸土地、裸岩石砾和其他未利用地。单位：km^2。数据来源：遥感监测。

（1）沙地

地表被沙覆盖，植被覆盖度小于5%的土地，包括沙漠，不包括水系中的沙滩。单位：km^2。数据来源：遥感监测。

（2）盐碱地

地表盐碱聚集，植被稀少，以生长耐盐碱植物为主的土地。单位：km^2。数据来源：遥感监测。

（3）裸土地

地表土质覆盖，植被覆盖度在5%以下的土地。单位：km^2。数据来源：遥感监测。

（4）裸岩石砾

地表为岩石或石砾，植被覆盖度小于5%的土地。单位：km^2。数据来源：遥感监测。

（5）其他未利用地

其他未利用土地，包括高寒荒漠、戈壁等。单位：km^2。数据来源：遥感监测。

（四）植被覆盖指数计算方法

$$植被覆盖指数 = NDVI_{区域均值} = A_{veg} \times \left(\frac{\sum_{i=1}^{n} P_i}{n} \right)$$

式中：P_i——5—9月象元 NDVI 月最大值的均值，建议采用 MOD_{13} 的 NDVI 数据，空间分辨率 250 m，或者分辨率和光谱特征类似的遥感影像产品；

n——区域像元数；

A_{veg}——植被覆盖指数的归一化系数，参考值为 0.012 116 512 4。

（五）水网密度指数计算方法

1. 水网密度指数计算方法

水网密度指数=（A_{riv}×河流长度/区域面积+A_{lak}×水域面积（湖泊、水库、河渠和近海）/区域面积+A_{res}×水资源量/区域面积）/3

式中：A_{riv}——河流长度的归一化系数，参考值为 84.370 408 398 1；

A_{lak}——水域面积的归一化系数，参考值为 591.790 864 200 5；

A_{res}——水资源量的归一化系数，参考值为 86.386 954 828 1。

2. 水资源量计算方法

$$水资源量^* = \begin{cases} 水资源量 & \dfrac{水资源量}{水资源量_{年平均值}} \leq 1.4 \\[2ex] 水资源量_{年平均值} \times \left(2.4 - \dfrac{水资源量}{水资源量_{年平均值}}\right) & 1.4 < \dfrac{水资源量}{水资源量_{年平均值}} \leq 2.4 \\[2ex] 0 & \dfrac{水资源量}{水资源量_{年平均值}} > 2.4 \end{cases}$$

【基本概念】

1. 河流长度

1：25 万水系图上的天然形成或人工开挖的河流及主干渠长度。单位：km。数据来源：1：25 万基础地理数据。

2. 近岸海域面积

海岸线以外 2 km 海洋区域。单位：km^2。数据来源：遥感监测。

3. 水资源量

评价区域内地表水资源量和地下水资源量的总量。单位：百万 m^3。数据来源：水利部门。

（六）土地胁迫指数计算方法

土地胁迫指数=A_{ero}×（0.4×重度侵蚀面积+0.2×中度侵蚀面积+0.2×建设用地面积+0.2×其他土地胁迫）/区域面积

式中：A_{ero}——土地胁迫指数的归一化系数，参考值为 236.043 567 794 8。

表7-6　土地胁迫指数分权重

类型	重度侵蚀	中度侵蚀	建设用地	其他土地胁迫
权重	0.4	0.2	0.2	0.2

【基本概念】

1. 重度侵蚀

评价区域内受自然营力（风力、水力、重力及冻融等）和人类活动综合作用下，土壤侵蚀模数 > 5 000 t/（km^2·a），平均流失厚度 > 3.7 mm/a 的区域。单位：km^2。数据来源：地面监测与遥感更新相结合。

2. 中度侵蚀

评价区域内受自然营力（风力、水力、重力及冻融等）和人类活动综合作用下，土壤侵蚀模数在 2 500 ~ 5 000 t/（km^2·a），平均流失厚度在 1.9 ~ 3.7 mm/a 的区域。单位：km^2。数据来源：地面监测与遥感更新相结合。

3. 其他土地胁迫

评价区域内其他的胁迫因素，包括新增加的沙地、盐碱地、裸地、裸岩等面积，陡坡耕地、围湖造田、围海造陆等面积。单位：km^2。数据来源：遥感监测。

（七）污染负荷指数计算方法

污染负荷指数=0.20×A_{COD}×COD 排放量/区域年降水总量+

0.20×A_{NH_3}×氨氮排放量/区域年降水总量+

0.20×A_{SO_2}×SO$_2$ 排放量/区域面积+

0.10×A_{YFC}×烟（粉）尘排放量/区域面积+

0.20×A_{NO_x}×氮氧化物排放量/区域面积+

0.10×A_{SOL}×固体废物丢弃量/区域面积

式中：A_{COD}——COD 的归一化系数，参考值为 4.393 739 728 9；

A_{NH_3}——氨氮的归一化系数，参考值为 40.176 475 498 6；

A_{SO_2}——SO_2 的归一化系数，参考值为 0.064 866 028 7；

A_{YFC}——烟（粉）尘的归一化系数，参考值为 4.090 445 932 1；

A_{NO_x}——氮氧化物的归一化系数，参考值为 0.510 304 927 8；

A_{SOL}——固体废物的归一化系数，参考值为 0.074 989 428 3。

表 7-7　污染负荷指数分权重

类型	化学需氧量	氨氮	二氧化硫	烟（粉）尘	氮氧化物	固体废物	总氮等其他污染物
权重	0.20	0.20	0.20	0.10	0.20	0.10	待定

注：总氮等其他污染物的权重和归一化系数将根据污染物类型、特征和数据可获得性与其他污染负荷类型进行统一调整。

【基本概念】

1. 二氧化硫年排放量

评价区域内每年由于工业生产、居民生活和交通设施等产生并排放的二氧化硫总量。单位：t。数据来源：环境统计。

2. COD 年排放量

评价区域内每年由于工业生产、居民生活和农业面源等产生并排放的化学需氧量（COD）总量。单位：t。数据来源：环境统计。

3. 固体废物年丢弃量

评价区域内每年由于工业生产产生并倾倒丢弃的固体废物总量。单位：t。数据来源：环境统计。

4 氨氮年排放量

评价区域内每年由于工业生产、居民生活、农业面源等产生并排放的氨氮总量。单位：t。数据来源：环境统计。

5. 氮氧化物年排放量

评价区域内每年由于工业生产、居民生活等产生并排放的氮氧化物总量。单位：t。数据来源：环境统计。

6. 总氮等其他污染物年排放量

评价区域内每年由于工业生产、居民生活等产生并排放的总氮等其他污染物总量。单位：t。数据来源：环境统计。

7. 区域降水量

评价区域内年度降水量。单位：mm。数据来源：气象部门。

（八）环境限制指数

环境限制指数是生态环境状况的约束性指标，指根据区域内出现的严重影响人居生产生活安全的生态破坏和环境污染事项，如重大生态破坏、环境污染和突发环境事件等，对生态环境状况类型进行限制和调节，见表 7-8。

表 7-8　环境限制指数约束内容

分类		判断依据	约束内容
突发环境事件	特大环境事件	按照《突发环境事件应急预案》，区域发生人为因素引发的特大、重大、较大或一般等级的突发环境事件，若评价区域发生一次以上突发环境事件，则以最严重等级为准	生态环境不能为"优"和"良"，且生态环境质量级别降 1 级
	重大环境事件		
	较大环境事件		生态环境级别降 1 级
	一般环境事件		
生态破坏环境污染	环境污染	存在环境保护主管部门通报的或国家媒体报道的环境污染或生态破坏事件（包括公开的环境质量报告中的超标区域）	存在环境保护部通报的环境污染或生态破坏事件，生态环境不能为"优"和"良"，且生态环境级别降 1 级；其他类型的环境污染或生态破坏事件，生态环境级别降 1 级
	生态破坏		
	生态环境违法案件	存在环境保护主管部门通报或挂牌督办的生态环境违法案件	生态环境级别降 1 级
	被纳入区域限批范围	被环境保护主管部门纳入区域限批的区域	生态环境级别降 1 级

三、专题生态区生态环境状况评价指标及计算方法

（一）生态功能区生态功能评价

1. 生态功能区生态功能评价指标体系及分级

生态功能区生态功能状况是利用综合指数（生态功能区功能状况指数，FEI）评

价生态功能区生态功能的状况，采用三级指标体系，包括 3 个指标、5 个分指数和12 个分指标。3 个指标包括自然生态状况指标、环境状况指标和生态功能调节指标。自然生态指标包括生态功能指数、生态结构指数和生态胁迫指数，反映了生态功能区的功能、结构和压力，环境状况指标包括污染负荷指数和环境质量指数，反映了生态功能区的污染负荷压力和环境质量状况。生态功能指数、生态结构指数和生态胁迫指数根据各类功能区功能特点而选择能够反映功能区特征的指标。生态功能调节指标指通过遥感监测生态功能区内重要生态类型变化和人为因素引起的突发环境事件对区域生态功能状况进行调节。具有多种功能特征的生态功能区评价以主导功能为主，选择相应的评价方法。

根据生态功能区生态功能指数，将功能区的生态功能状况分为 5 级，即优、良、一般、较差和差，见表 7-9。

表 7-9　生态功能区生态功能状况分级

级别	优	良	一般	较差	差
指数	FEI≥70	60≤FEI<70	50≤FEI<60	40≤FEI<50	FEI<40
描述	自然生态优越，生态系统承载力高，生态功能稳定，自我调节能力强	自然生态相对较好，生态功能相对稳定，存在一定的生态环境问题	自然生态一般，存在一定的生态环境问题，生态功能相对较脆弱	自然生态差，存在明显的生态环境问题，生态功能脆弱或生态类型结构单一，生态功能不稳定	自然生态严酷，存在突出的生态环境问题，生态功能极脆弱；或生态类型结构单一，生态功能极不稳定

根据生态功能区生态功能指数与基准值的变化情况，将生态功能区生态功能变化幅度分为 4 级，即无明显变化、略微变化（好或差）、明显变化（好或差）、显著变化（好或差）。各分指数变化分级评价方法可参考生态功能变化度分级，见表 7-10。

表 7-10　生态功能区生态功能状况变化度分级

级别	无明显变化	略微变化	明显变化	显著变化
变化值	$|\Delta FEI|<1$	$1≤|\Delta FEI|<2$	$2≤|\Delta FEI|<4$	$|\Delta FEI|≥4$
描述	生态环境功能状况无明显变化	如果 $1≤\Delta FEI<2$，则生态环境功能状况略微变好；如果 $-1≥\Delta FEI>-2$，则生态环境功能状况略微变差	如果 $2≤\Delta FEI<4$，则生态环境功能状况明显变好；如果 $-2≥\Delta FEI>-4$，则生态环境功能状况明显变差	如果 $|\Delta FEI|≥4$，则生态环境功能状况显著变好；如果 $\Delta FEI≤-4$，则生态环境功能状况显著变差

2. 防风固沙生态功能区生态功能评价指标计算方法

FEI_{FFGS}=0.60×[0.24×植被覆盖指数+0.10×受保护区域面积比×100+0.22×林草地覆盖率+0.20×水域湿地面积比+0.14×（100-耕地和建设用地面积比）+0.10×（100-沙化土地面积比×100）]+0.40×[0.45×（100-主要污染物排放强度）+0.10×污染源排放达标率×100+0.10×城镇污水集中处理率×100+0.15×水质达标率×100+0.15×空气质量达标率×100+0.05×集中式饮用水水源地水质达标率×100]+生态功能调节指标

式中：FEI_{FFGS}——防风固沙生态功能区的生态功能状况指数。

表 7-11　防风固沙生态功能区生态功能各指标权重及类型

指标类型	分指数	分指标	权重	类型
生态状况指标（0.60）	生态功能指数	植被覆盖指数	0.24	正
		受保护区域面积比	0.10	正
	生态结构指数	林草地覆盖率	0.22	正
		水域湿地面积比	0.20	正
	生态胁迫指数	耕地和建设用地面积比	0.14	负
		沙化土地面积比	0.10	负
环境状况指标（0.40）	污染负荷指数	主要污染物排放强度	0.45	负
		污染源排放达标率	0.10	正
		城镇污水集中处理率	0.10	正
	环境质量指数	水质达标率	0.15	正
		空气质量达标率	0.15	正
		集中式饮用水水源地水质达标率	0.05	正

3. 水土保持生态功能区生态功能评价指标计算方法

FEI_{STBC}=0.60×[0.23×植被覆盖指数+0.13×受保护区域面积比×100+0.23×林草地覆盖率+0.18×水域湿地面积比+0.13×（100-耕地和建设用地面积比）+0.10×（100-中度及以上土壤侵蚀面积比×100）]+0.40×[0.45×（100-主要污染物排放强度）+0.10×污染源排放达标率×100+0.10×城镇污水集中处理率×100+0.15×水质达标率×100+0.15×空气质量达标率×100+0.05×集中式饮用水水源地水质达标率×100]+生态功能调节指标

式中：FEI_{STBC}——水土保持生态功能区的生态功能状况指数。

表 7-12　水土保持生态功能区生态功能各指标权重及类型

指标类型	分指数	分指标	权重	类型
生态状况指标（0.60）	生态功能指数	植被覆盖指数	0.23	正
		受保护区域面积比	0.13	正
	生态结构指数	林草地覆盖率	0.23	正
		水域湿地面积比	0.18	正
	生态胁迫指数	耕地和建设用地面积比	0.13	负
		中度及以上土壤侵蚀面积所占比例	0.10	负
环境状况指标（0.40）	污染负荷指数	主要污染物排放强度	0.45	负
		污染源排放达标率	0.10	正
		城镇污水集中处理率	0.10	正
	环境质量指数	水质达标率	0.15	正
		空气质量达标率	0.15	正
		集中式饮用水水源地水质达标率	0.05	正

4．水源涵养生态功能区生态功能评价指标计算方法

FEI_{SYHY}=0.60×［0.25×水源涵养指数+0.20×受保护区域面积比×100+0.15×林地覆盖率+0.10×草地覆盖率+0.15×水域湿地面积比+0.15×（100−耕地和建设用地面积比）］+0.40×［0.45×（100−主要污染物排放强度）+0.10×污染源排放达标率×100+0.10×城镇污水集中处理率×100+0.20×水质达标率×100+0.10×空气质量达标率×100+0.05×集中式饮用水水源地水质达标率×100］+生态功能调节指标

式中：FEI_{SYHY}——水源涵养生态功能区的生态功能状况指数。

表 7-13　水源涵养生态功能区生态功能各指标权重及类型

指标类型	分指数	分指标	权重	类型
生态状况指标（0.60）	生态功能指数	水源涵养指数	0.25	正
		受保护区域面积比	0.20	正
	生态结构指数	林地覆盖率	0.15	正
		草地覆盖率	0.10	正
		水域湿地面积比	0.15	正
	生态胁迫指数	耕地和建设用地面积比	0.15	负
环境状况指标（0.40）	污染负荷指数	主要污染物排放强度	0.45	负
		污染源排放达标率	0.10	正
		城镇污水集中处理率	0.10	正
	环境质量指数	水质达标率	0.20	正
		空气质量达标率	0.10	正
		集中式饮用水水源地水质达标率	0.05	正

5. 生物多样性维护生态功能区生态功能评价指标计算方法

FEI_{SWDYX}=0.60×［0.23×生物丰度指数+0.22×受保护区域面积比×100+0.15×林地覆盖率+0.10×草地覆盖率+0.15×水域湿地面积比+0.15×（100−耕地和建设用地比例）］+0.40×［0.45×（100−主要污染物排放强度）+0.10×污染源排放达标率×100+0.10×城镇污水集中处理率×100+0.20×水质达标率×100+0.10×空气质量达标率×100+0.05×集中式饮用水水源地水质达标率×100］+生态功能调节指标

式中：FEI_{SWDYX}——生物多样性维护功能区的生态功能状况指数。

表 7-14 生物多样性维护生态功能区生态功能各指标权重及类型

指标类型	分指数	分指标	权重	类型
生态状况指标（0.60）	生态功能指数	水源涵养指数	0.23	正
		受保护区域面积比	0.22	正
	生态结构指数	林地覆盖率	0.15	正
		草地覆盖率	0.10	正
		水域湿地面积比	0.15	正
	生态胁迫指数	耕地和建设用地面积比	0.15	负
环境状况指标（0.40）	污染负荷指数	主要污染物排放强度	0.45	负
		污染源排放达标率	0.10	正
		城镇污水集中处理率	0.10	正
	环境质量指数	水质达标率	0.20	正
		空气质量达标率	0.10	正
		集中式饮用水水源地水质达标率	0.05	正

【基本概念】

1. 林地覆盖率

评价区域内林地（有林地、灌木林地、疏林地和其他林地）面积所占的比例。单位：%。数据来源：遥感监测。

2. 草地覆盖率

评价区域内草地（高覆盖度草地、中覆盖度草地和低覆盖度草地）面积所占的比例。单位：%。数据来源：遥感监测。

3. 林草地覆盖率

评价区域内林地、草地面积之和所占的比例。单位：%。数据来源：遥感监测。

4. 水域湿地面积比

评价区域内河流（渠）、湖泊（库）、冰川和积雪、滩涂、沼泽地等湿地类型的面积之和所占的比例。单位：%。数据来源：遥感监测。

5. 耕地和建设用地面积比

评价区域内耕地（包括水田、旱地）和建设用地（包括城镇用地、农村居民点及其他建设用地）面积之和所占比例。单位：%。数据来源：遥感监测。

6. 受保护区域面积比

评价区域内自然保护区、风景名胜区、森林公园、自然文化遗产、湿地公园、地质公园、集中式饮用水水源地保护区等受到严格保护的面积和所占比例。受保护区域包括各级（国家、省、市或县级）自然保护区、（国家或省级）风景名胜区、（国家或省级）森林公园、国家湿地公园、国家地质公园、集中式饮用水水源地保护区，以及其他生态红线区域。单位：%。数据来源：林业、水利、旅游、环保、国土等各类受保护区域的对口管理部门。

7. 中度及以上土壤侵蚀面积比

评价区域内中度及以上土壤侵蚀面积所占比例。土壤侵蚀类型标准执行 SL190。单位：%。数据来源：地面监测与遥感更新相结合。

8. 沙化土地面积比

针对防风固沙功能类型区域，指除固定沙地之外的沙化土地面积之和占区域国土面积的比例。沙化土地分类按照林业部门荒漠化与沙化土地调查分类标准，分为半固定沙地、流动沙地、风蚀残丘、风蚀劣地、戈壁、沙化耕地、露沙地 8 种类型，监测方法执行 GB/T 24255。单位：%。数据来源：林业部门。

9. 主要污染物排放强度

评价区域内单位面积所受纳的二氧化硫（SO_2）、化学需氧量（COD）、氨氮（$NH_3\text{-}N$）和氮氧化物（NO_x）等年排放量之和。单位：kg/km^2。数据来源：环境统计。

10. 污染源排放达标率

评价区域内纳入监控的污染源排放达到相应排放标准的监测次数占全年监测总次数的比例。在污染源的一次监测中，所有排污口的所有污染物浓度均符合排放标准限值时，则该污染源本次污染物排放浓度达标。污染源排放执行地方或国家的行业污染物排放（控制）标准，暂时没有针对性排放标准的企业，可执行地方或国家颁布的污染物综合排放标准。单位：%。数据来源：环境监测。

11. 水质达标率

评价区域内水质监测断面中，达到Ⅲ类水质的监测次数占全部断面全年监测总次数的比例，评价标准执行 GB 3838。单位：%。数据来源：环境监测。

12. 集中式饮用水水源地水质达标率

评价区域内集中式饮用水水源地符合饮用水水质的取水量之和占全年总取水量的比例，评价标准执行 GB 3838 和 GB/T 14848。单位：%。数据来源：环境监测。

13. 空气质量达标率

评价区域空气质量达标天数占全年监测总天数的比例，评价标准执行 GB 3095。单位：%。数据来源：环境监测。

14. 水源涵养指数

评价区域内生态系统水源涵养功能状况，利用区域内林地、草地和水域湿地等水源涵养功能高的生态类型的差异进行综合评价获得。数据来源：遥感监测。

6. 生态功能调节指标

生态功能调节指标根据遥感监测功能区内重要生态类型变化和人为因素引起的突发环境事件对区域生态功能状况进行调节。

生态功能调节指标=重要生态类型变化调节指标+人为因素引发突发环境事件调节指标

（1）重要生态类型变化调节指标

重要生态类型变化是指无人机航空遥感或高分辨率卫星遥感监测到的功能区内重要生态类型的变化，重要生态类型变化调节指标是根据重要生态类型变化对生态功能动态变化度进行调节，调节幅度为-0.5～+0.5，通过评价年与基准年遥感影像对比分析及无人机遥感抽查或高分辨率卫星遥感影像监测，查找并验证重要生态类型发生变化的区域，根据变化面积确定生态功能调节幅度，见表 7-15。

（2）人为因素引发突发环境事件调节指标

人为因素引发的突发环境事件调节指标根据人为因素引发的突发环境事件对生态功能区生态功能动态变化度进行调节，起负向调节作用，调节幅度为-0.6～0.0，见表 7-16。

表 7-15　重要生态类型变化调节

分级		调节分值	判断依据	说明
显著变化	显著变差	−0.3	变化面积>5 km²	通过年际间遥感影像对比分析及无人机遥感抽查和高分辨率卫星遥感影像监测到功能区局地生态类型变化及面积
	显著变好	+0.3		
明显变化	明显变差	−0.2	2 km²<变化面积≤5 km²	
	明显变好	+0.2		
略微变化	略微变差	−0.1	0<变化面积≤2 km²	
	略微变好	+0.1		
基本稳定	无明显变化	0.0	—	

注：如果经无人机遥感抽查或者高分辨率卫星遥感监测到变化面积特别大（20 km² 以上），可在现有基础上酌情加大调节分值，最大调节幅度为±5。

表 7-16　人为因素引发的突发环境事件调节指标

分级		调节分值	判断依据	说明
突发环境事件	特大环境事件	−0.6	按照《突发环境事件应急预案》，功能区内发生人为因素引发的特大、重大、较大或一般等级的突发环境事件，若发生一次以上突发环境事件，则以最严重等级进行调节	若为同一事件引起的多个调节值，则取最大调节，不重复计算
	重大环境事件	−0.4		
	较大环境事件	−0.2		
	一般环境事件	−0.1		
环境生态破坏事件等	功能区内发生环境污染或生态破坏事件、生态环境违法案件或涉及区域限批等	−0.5	功能区出现由环境保护部通报的环境污染或生态破坏事件，自然保护区等受保护区域生态环境违法事件，或出现由环境保护部挂牌督办的环境违法案件以及被纳入区域限批范围等	

（二）城市生态环境质量评价

1. 城市生态环境评价指标体系

城市生态环境状况评价是利用综合指数（城市生态环境状况指数，CEI）评价城市生态环境的质量状况，评价指标以生态环境质量为核心，采用二级指标体系，包括 3 个分指数、18 个指标，从环境质量、污染负荷和生态建设 3 个方面反映城市发展过程中环境质量状况、受纳的污染压力和生态环境状况。

城市生态环境状况指数（CEI）=0.4×环境质量指数+0.2×（100−污染负荷指数）+0.4×生态建设指数

环境质量指数=$0.35A_1H_1+0.20A_2H_2+0.20A_3H_3+0.10×（100−A_4H_4）+0.05×（100−A_5H_5）+0.10×（100−A_6H_6）$

污染负荷指数=$0.20A_7H_7+0.20A_8H_8+0.20A_9H_9+0.10A_{10}H_{10}+0.20A_{11}H_1+0.10A_{12}H_{12}$

生态建设指数=$0.20A_{14}H_{14}+0.20A_{15}H_{15}+0.20A_{16}H_{16}+0.20A_{17}H_{17}+0.20A_{18}H_{18}$

式中：H_i——各分指数指标；

　　　A_i——各分指标归一化系数，具体见表 7-17。

表 7-17　城市生态环境质量评价指标

评价分指数	各指数分指标	指标	权重	类型	归一化系数参考值 A_i
环境质量指数 U_1	H_1	空气质量达标率	0.35	正	100
	H_2	水质达标率	0.20	正	100
	H_3	集中式饮用水水源地水质达标率	0.20	正	100
	H_4	区域环境噪声平均值	0.10	负	1.663 893 510 8
	H_5	交通干线噪声平均值	0.05	负	1.347 708 894 9
	H_6	城市热岛比例指数	0.10	负	222.676 978 095 3
污染负荷指数 U_2	H_7	化学需氧量排放强度	0.20	负	0.161 987 041 0
	H_8	氨氮排放强度	0.20	负	2.391 056 006 5
	H_9	二氧化硫排放强度	0.20	负	0.067 389 006 3
	H_{10}	烟（粉）尘排放强度	0.10	负	0.253 593 333 2
	H_{11}	氮氧化物排放强度	0.20	负	0.139 846 684 2
	H_{12}	固体废物排放强度	0.10	负	0.074 989 428 3
	H_{13}	总氮等其他污染物排放强度	待定	负	待定
生态建设指数 U_3	H_{14}	生态用地比例	0.20	正	100
	H_{15}	绿地覆盖率	0.20	正	171.027 877 54
	H_{16}	环保投资占 GDP 比例	0.20	正	18.552 875 695 7
	H_{17}	城镇污水集中处理率	0.20	正	100
	H_{18}	城市垃圾无害化处理率	0.20	正	100

【基本概念】

1. 城市群

城市群是城市发展到成熟阶段的最高空间组织形式，是在地域上集中分布的若干城市和特大城市集聚而成的庞大的、多核心、多层次城市集团，是大都市区的联合体。数据来源：相关规划。

2. 噪声平均值

评价区域环境噪声平均值指建城区内环境噪声网格监测的等效声级算术平均值，城市交通干线噪声平均值指城市建城区交通干线各路段监测结果，按其路段长度加权的等效声级的平均值，评价标准执行 GB 3096。两个指标综合反映了城市声环境质量状况。单位：dB（A）。数据来源：统计年鉴，环境监测。

3. 化学需氧量排放强度

评价区域水环境所受纳的污染物化学需氧量排放强度，利用评价区域单位面积化学需氧量的年排放量表示。单位：t/km²。数据来源：环境统计。

4. 氨氮排放强度

评价区域水环境受纳的污染物氨氮排放强度，利用评价区域单位面积氨氮的年排放量表示。单位：t/km²。数据来源：环境统计。

5. 总氮等其他污染物排放强度

评价区域水环境受纳的总氮等其他污染物排放强度，利用评价区域单位面积总氮或其他污染物的年排放量表示。单位：t/km²。数据来源：环境统计。

6. 二氧化硫排放强度

评价区域大气环境受纳的污染物二氧化硫排放强度，利用评价区域单位面积二氧化硫的年排放量表示。单位：t/km²。数据来源：环境统计。

7. 烟（粉）尘排放强度

评价区域大气环境受纳的污染物烟（粉）尘排放强度，利用评价区域单位面积烟（粉）尘的年排放量表示。单位：t/km²。数据来源：环境统计。

8. 氮氧化物排放强度

评价区域大气环境受纳的污染物氮氧化物排放强度，利用评价区域单位面积氮氧化物的年排放量表示。单位：t/km²。数据来源：环境统计。

9. 生态用地比例

评价区域绿地、水域湿地和耕地面积占评价区域的比例，是城市生态系统宏观构成合理性的重要指标。单位：%。数据来源：遥感监测。

10. 绿地覆盖率

评价城市区域绿化和生态环境建设的重要指标，利用各类绿化的乔、灌木和多年生草本植物的垂直投影面积与建城区总面积的百分比表示。乔木树冠下重叠的灌木和草本植物不再重复计算。包括园林绿地以外的单株树木等覆盖面积。单位：%。数据来源：统计年鉴。

11. 环保投资占 GDP 比例

评价区环境保护投资占国内生产总值的百分比，反映评价区环保投入的基础指标。单位：%。数据来源：统计年鉴。

12. 城镇污水集中处理率

评价区域城市水污染治理能力，利用评价区域经过城市集中污水处理厂处理的城市生活污水量与城市生活污水排放总量的百分比表示。单位：%。数据来源：中国城市建设统计年鉴。

13. 城市生活垃圾无害化处理率

评价区域生活垃圾无害化和资源化程度，利用评价区域经无害化处理的城市生活垃圾数量占市区生态垃圾生产总量的百分比。单位：%。数据来源：国民经济和社会发展统计公报。

14. 城市热岛比例指数

城市热岛面积占建成区面积的比例，表示热岛的发育程度。单位：%。数据来源：遥感监测。

15. 基准值

生态环境状况的基准，根据评价需要而定，可以是前一个"五年"的均值，也可以是评价初始值。

2. 城市生态环境质量分级

根据城市生态环境状况指数，将城市生态环境质量分为 5 级，即优、良、一般、较差和差，见表 7-18。

表 7-18　城市生态环境质量指数分级

级别	优	良	一般	较差	差
指数	CEI≥80	70≤CEI<80	60≤CEI<70	50≤CEI<60	CEI<50
描述	城市生态环境优良，各系统协调发展，污染控制和生态建设工作有效	城市生态环境良好，各系统协调性较好，城市生态建设程度较好	城市生态环境一般，各系统基本能协调发展，城市生态建设程度一般	存在明显的生态环境问题，需要大力加强环境保护和生态建设	生态环境问题突出，城市生态环境恶劣

3. 城市生态环境质量变化分析

根据城市生态环境状况指数与基准值的变化情况，将城市生态环境质量变化幅度分为 4 级，即无明显变化、略微变化（好或差）、明显变化（好或差）、显著变化

（好或差），各分指数变化分级评价方法可参考城市生态环境质量变化幅度，见表7-19。

表 7-19　城市生态环境质量变化度分级

级别	无明显变化	略微变化	明显变化	显著变化
变化值	|CEI|<1	1≤|CEI|<3	3≤|CEI|<8	|CEI|≥8
描述	城市生态环境状况无明显变化	如果1≤CEI<3，则城市生态环境质量略微变好；如果-1≥CEI>-3，则城市生态环境质量略微变差	如果3≤CEI<8，则城市生态环境质量明显变好；如果-3≥CEI>-8，则城市生态环境质量明显变差	如果CEI≥8，则城市生态环境质量显著变好；如果EI≤-8，则城市生态环境质量显著变差

（三）自然保护区生态保护状况评价

1. 自然保护区生态保护状况指数计算方法及分级

自然保护区生态保护状况评价是利用综合指数（自然保护区生态保护状况指数，NEI）评价自然保护区生态保护状况。根据我国自然保护区特征，从面积适宜性、外来物种入侵度、生境质量和开发干扰程度4个方面建立自然保护区生态保护状况评价指标体系。面积适宜指数反映自然保护区功能区划的合理程度。外来物种入侵指数反映自然保护区受到外来入侵物种干扰的程度。生境质量指数反映自然保护区生境类型对主要保护对象的适宜程度。开发干扰指数反映人类生产生活对自然保护区造成的干扰程度。该方法也适用于与自然保护区重叠的国家公园、风景名胜区等生态区的评价。

自然保护区生态保护状况指数（NEI）=0.10×面积适宜指数+0.10×（100-外来物种入侵指数）+0.40×生境质量指数+0.40×（100-开发干扰指数）

表 7-20　各项评价指标权重

指标	面积适宜指数	外来物种入侵指数	生境质量指数	开发干扰指数
权重	0.10	0.10	0.40	0.40

根据自然保护区生态保护状况指数，将自然保护区生态保护状况分为5级，即优、良、一般、较差和差，见表7-21。

表 7-21　自然保护区生态保护状况指数分级

分级	优	良	一般	较差	差
指数	NEI≥75	55≤NEI<75	35≤NEI<55	20≤NEI<35	NEI<20
描述	主要保护对象的原生生境得到有效保护，无明显开发干扰迹象	主要保护对象的原生生境保护状况较好，有开发干扰现象，但程度较轻	主要保护对象的原生生境遭到破坏，开发干扰较为明显	主要保护对象的原生生境部分丧失，开发干扰严重	主要保护对象的原生生境严重丧失，开发干扰剧烈

　　根据自然保护区生态保护状况指数与基准值的变化情况，将生态保护状况变化幅度分为 4 级，即无明显变化、略微变化（好或差）、明显变化（好或差）、显著变化（好或差），各分指数变化分级评价方法可参考自然保护区生态保护状况变化，见表 7-22。

表 7-22　自然保护区生态保护状况变化度分级

分级	无明显变化	略微变化	明显变化	显著变化
变化值	$|\Delta NEI|<2$	$2\leq|\Delta NEI|<5$	$5\leq|\Delta NEI|<10$	$|\Delta NEI|\geq10$
描述	生态保护状况无明显变化	如果 $2\leq\Delta NEI<5$，则生态保护状况略微变好；如果 $-2\geq\Delta NEI>-5$，则生态保护状况略微变差	如果 $5\leq\Delta NEI<10$，则生态保护状况明显变好；如果 $-5\geq\Delta NEI>-10$，则生态保护状况明显变差	如果 $\Delta NEI\geq10$，则生态保护状况显著变好；如果 $\Delta NEI\leq-10$，则生态保护状况显著变差

2. 面积适宜指数计算方法

$$面积适宜指数=A_{are}\times（核心区面积/自然保护区面积）$$

式中：A_{are}——面积适宜指数的归一化系数，参考值为 100。

3. 外来物种入侵指数计算方法

$$外来物种入侵指数=A_{inv}\times自然保护区外来入侵物种数$$

式中：A_{inv}——自然保护区外来物种入侵指数的归一化系数，参考值为 2.083 333 333 3。

4. 生境质量指数计算方法

（1）森林生态系统类型自然保护区

生境质量指数$=A_{forn}\times$（0.40×林地+0.18×草地+0.23×水域湿地+0.08×耕地+0.01×

建设用地+0.10×未利用地）/保护区总面积

式中：A_{forn}——森林生态系统类型自然保护区生境质量指数归一化系数，参考值为
417.439 962 244 3。

表 7-23　森林生态系统类型自然保护区生境质量指数权重

	权重	结构类型	分权重
林地	0.4	有林地	0.60
		灌木林地	0.25
		疏林地和其他林地	0.15
草地	0.18	高覆盖度草地	0.60
		中覆盖度草地	0.30
		低覆盖度草地	0.10
水域湿地	0.23	河流（渠）	0.30
		湖泊（渠）	0.30
		滩涂湿地	0.30
		永久性冰川雪地	0.10
耕地	0.08	水田	0.60
		旱地	0.40
建设用地	0.01	城镇建设用地	0.30
		农村居民点	0.40
		其他建设用地	0.30
未利用地	0.10	沙地	0.20
		盐碱地	0.30
		裸土地	0.20
		裸岩石砾	0.20
		其他未利用地	0.10

（2）草原与草甸生态系统类型自然保护区

生境质量指数=A_{gran}×（0.18×林地+0.40×草地+0.23×水域湿地+0.08×耕地+0.01×
建设用地+0.10×未利用地）/保护区总面积

式中：A_{gran}——草原与草甸生态系统类型自然保护区生境质量指数归一化系数，参
考值为 569.020 067 845 2。

表 7-24　草原与草甸生态系统类型自然保护区生境质量指数权重

	权重	结构类型	分权重
林地	0.18	有林地	0.15
		灌木林地	0.25
		疏林地和其他林地	0.60
草地	0.4	高覆盖度草地	0.60
		中覆盖度草地	0.30
		低覆盖度草地	0.10
水域湿地	0.23	河流（渠）	0.30
		湖泊（渠）	0.30
		滩涂湿地	0.30
		永久性冰川雪地	0.10
耕地	0.08	水田	0.40
		旱地	0.60
建设用地	0.01	城镇建设用地	0.30
		农村居民点	0.40
		其他建设用地	0.30
未利用地	0.10	沙地	0.20
		盐碱地	0.30
		裸土地	0.20
		裸岩石砾	0.20
		其他未利用地	0.10

（3）荒漠生态系统类型自然保护区

生境质量指数$=A_{desn}\times$（0.15×林地+0.34×草地+0.30×水域湿地+0.08×耕地+0.01× 建设用地+0.12×未利用地）/保护区总面积

式中：A_{desn}——荒漠生态系统类型自然保护区生境质量指数归一化系数，参考值为 1 146.399 753 104 2。

表 7-25　荒漠生态系统类型自然保护区生境质量指数权重

	权重	结构类型	分权重
林地	0.15	有林地	0.10
		灌木林地	0.50
		疏林地和其他林地	0.40
草地	0.34	高覆盖度草地	0.50
		中覆盖度草地	0.30
		低覆盖度草地	0.20

	权重	结构类型	分权重
水域湿地	0.30	河流（渠）	0.30
		湖泊（渠）	0.30
		滩涂湿地	0.30
		永久性冰川雪地	0.10
耕地	0.08	水田	0.30
		旱地	0.70
建设用地	0.01	城镇建设用地	0.30
		农村居民点	0.40
		其他建设用地	0.30
未利用地	0.12	沙地	0.20
		盐碱地	0.30
		裸土地	0.20
		裸岩石砾	0.20
		其他未利用地	0.10

（4）水域湿地生态系统类型自然保护区

生境质量指数=A_{watn}×（0.18×林地+0.23×草地+0.40×水域湿地+0.08×耕地+0.01×建设用地+0.10×未利用地）/保护区总面积

式中：A_{watn}——水域湿地生态系统类型自然保护区生境质量指数的归一化系数，参考值为 785.602 693 784 8。

表 7-26　水域湿地生态系统类型自然保护区生境质量指数权重

	权重	结构类型	分权重
林地	0.18	有林地	0.25
		灌木林地	0.40
		疏林地和其他林地	0.35
草地	0.23	高覆盖度草地	0.60
		中覆盖度草地	0.30
		低覆盖度草地	0.10
水域湿地	0.40	河流（渠）	0.30
		湖泊（渠）	0.30
		滩涂湿地	0.30
		永久性冰川雪地	0.10
耕地	0.08	水田	0.60
		旱地	0.40

	权重	结构类型	分权重
建设用地	0.01	城镇建设用地	0.30
		农村居民点	0.40
		其他建设用地	0.30
未利用地	0.10	沙地	0.20
		盐碱地	0.30
		裸土地	0.20
		裸岩石砾	0.20
		其他未利用地	0.10

注：水域湿地生态系统类型包括海岸带、内陆湿地和水域生态系统类型。

（5）其他类型自然保护区

其他类型自然保护区评价方法根据保护对象特征而定，具体见表7-27。

表 7-27　其他类型自然保护区生境质量指数计算方法

类型	特征	生境适宜性指数计算方法
野生动物	保护对象以森林为主要生境	参照森林生态系统类型
	保护对象以草原草甸为主要生境	参照草原与草甸生态系统类型
	保护对象以荒漠为主要生境	参照荒漠生态系统类型
	保护对象以水域湿地为主要生境	参照水域湿地生态系统类型
野生植物	保护对象以森林为主要生境	参照森林生态系统类型
	保护对象以草原草甸为主要生境	参照草原与草甸生态系统类型
	保护对象以荒漠为主要生境	参照荒漠生态系统类型
	保护对象以水域湿地为主要生境	参照水域湿地生态系统类型
地质遗迹	所处区域原生生境为森林	参照森林生态系统类型
	所处区域原生生境为草原草甸	参照草原与草甸生态系统类型
	所处区域原生生境为荒漠	参照荒漠生态系统类型
	所处区域原生生境为水域湿地	参照水域湿地生态系统类型
古生物遗迹	所处区域原生生境为森林	参照森林生态系统类型
	所处区域原生生境为草原草甸	参照草原与草甸生态系统类型
	所处区域原生生境为荒漠	参照荒漠生态系统类型
	所处区域原生生境为水域湿地	参照水域湿地生态系统类型

5. 开发干扰指数计算方法

开发干扰指数=A_{dev}×（功能区权重×0.40×城镇建设用地+功能区权重×0.40×其他建设用地+功能区权重×0.10×农村居民点+功能区权重×0.10×耕地)/保护区总面积

式中：A_{dev}——开发干扰指数的归一化系数，参考值为 1 520.336 383 017 4。

开发干扰类型权重，见表 7-28。

表 7-28　开发干扰类型权重

类型	城市建设用地	农村居民点	其他建设用地	耕地
权重	0.40	0.10	0.40	0.10

功能区权重，见表 7-29。

表 7-29　功能区权重

类型	核心区	缓冲区	实验区
权重	0.60	0.30	0.10

注：未进行功能分区的自然保护区功能区权重按 0.6 计算。

四、案例：中山市 2014 年生态环境状况评价

（一）区域概况

1. 地理位置

中山市位于广东省中南部，珠江三角洲中部偏南的西、北江下游出海处，北接广州市番禺区和佛山市顺德区，西邻江门市区、新会区和珠海市斗门区，东南连珠海市，东隔珠江口伶仃洋与深圳市和香港特别行政区相望。

中山市是广东省辖地级市，全境位于北纬22°11′~22°47′，东经113°09′~113°46′。其平面形状呈南北狭长，约 64.3 km，东西短窄，窄约 45.3 km。行政管辖面积 1 891.95 km²。市中心陆路北距广州市区 86 km，东南至澳门 65 km，由中山港水路

到香港 52 海里（1 海里=1.852 km）。

2．地质地貌

中山市地质构造体系属于华南褶皱束的粤中凹陷，中山位于北段。地形以平原为主，地势中部高亢，四周平坦，平原地区自西北向东南倾斜。五桂山、竹嵩岭等山脉凸屹于市中南部，五桂山主峰海拔 531 m，为全市最高峰。

中山市出露地层以广泛发育的新生界第四系为主；在北部、中部和南部出露有古生界和中生界地层，主要包括寒武系、泥盆系、侏罗系及白垩系等；另外在北部还零星出露有元古界震旦系的古老地层。

全市地貌大致可以分成北部平原区、西南部平原区、南部平原区和中部五桂山-白水林低山丘陵台地区等 4 个区。全市地质地貌特征见图 7-2。

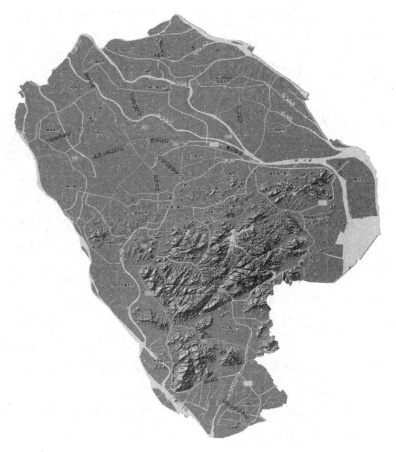

图 7-2　中山市地形地貌特征

（二）社会经济概况

中山市是中国 4 个不设市辖区的地级市之一，截至 2011 年 9 月 1 日下辖 1 个国家级火炬高技术产业开发区，6 个街道、18 个镇。1979 年后，随着经济的快速发展，外来人口逐年增多，中山人口总量迅速增长。2010 年（第六次人口普查）全市常住人口为 312.088 4 万人，同第五次全国人口普查时的 236.354 2 万人相比，10 年共增加 75.734 2 万人，增长 32.04%。年平均增长率为 2.82%。中山市的语言状况较为复杂，主要使用汉语方言，包括粤语、闽语及客家语。其中，使用粤方言的人数最多，约 862 000 人，约占全市总人口 103 万的 83.7%。

中山市 2014 年生产总值（GDP）2 823.00 亿元，按可比价格计算，比上年（下同）增长 8.0%。其中，第一产业增加值 66.99 亿元，增长 0.3%；第二产业增加值 1 560.76 亿元，增长 8.4%；第三产业增加值 1 195.26 亿元，增长 7.9%。常住人均 GDP 达 88 682 元，增长 7.4%。

（三）生态环境状况监测与评价

1. 监测内容与技术路线

本次生态环境状况评价以《生态环境质量评价技术规范》（HJ 192—2015）确定的工作流程、指标体系和技术方法开展工作。具体即是在建立典型土地利用类型遥感解译标志数据库的基础上，利用卫星影像资料对土地利用类型进行遥感解译，并结合野外核查查明中山市范围内土地利用现状，并通过每年的遥感监测掌握土地利用及土地覆盖的动态变化。利用土地利用现状及变化的数据，结合全市土壤侵蚀状况、水资源量、污染物排放情况、降水量等数据评价，评价中山市生态环境状况。

具体而言，生态环境质量监测的技术路线为：

（1）建立土地利用类型遥感解译标志数据库

同一类型地物的影像特征在不同地域不同时间是不同的。为保证解译工作的精度，要建立不同时相的遥感影像资料土地利用类型解译标志数据库。

（2）遥感影像处理

根据解译需要，对获取的卫星遥感影像进行辐射定标、几何校正、大气纠正、波段合成、图像镶嵌等处理。

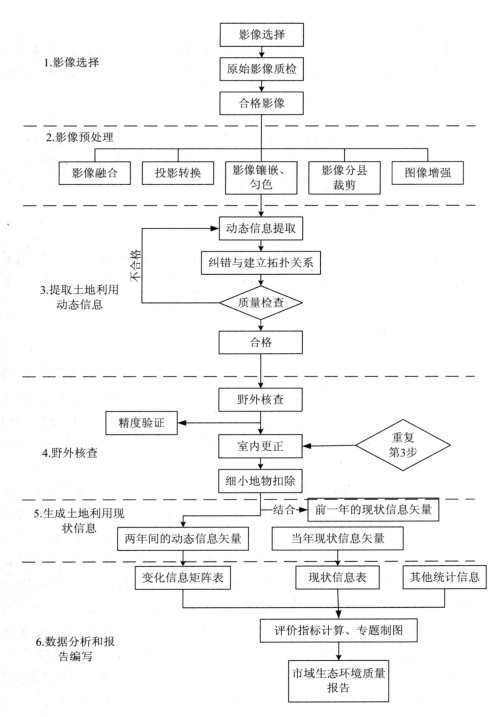

图 7-3　中山市生态环境状况监测与评价工作流程

（3）土地利用动态变化遥感影像解译

根据土地利用类型遥感解译标志库，对影像上地物进行判读和勾画，形成土地利用现状矢量图。将上一年的土地利用矢量结果图与新的遥感影像叠加，可比对勾绘出这一年的土地利用动态变化。

（4）野外核查

室内解译成果需进行野外核查。抽取不同地物类型的样本，以及勾画的地物边界到实地进行验证，对错误判断的斑块进行修正。并对室内判读困难的地块进行实地考察，标注类型。完善补充土地利用类型遥感解译标志数据库，提高室内判读精度。

（5）数据统计及评价

将解译得到的土地利用矢量结果按评价单元进行统计计算。收集整理评价需要的各项指标数据，根据评价规范计算生态环境质量指数，对计算结果进行对比、分析与评价。

2. 数据来源及处理

本次评价工作中中山市土地/覆被数据基于 Landsat 8、GF-1、资源 2 号、资源 3 号卫星数据（用于计算生物丰度指数、土地胁迫指数）和 MODIS 卫星数据（用于计算植被覆盖指数），相关数据通过中国科学院计算机网络信息中心地理空间云平台（http：//www.gscloud.cn/）下载获得。数据处理过程中使用的软件为美国 Esri 公司 ArcGIS 和 ENVI 产品。

本次评价工作中土地利用/覆被数据采用全国土地二级分类系统（表 7-30）：一级分为 6 类，包括耕地、林地、草地、水域、建设用地及未利用地；二级分为 25 个类型，其中耕地包括水田、旱地，林地包括有林地、灌木林地、疏林地、其他林地，草地包括高覆盖度草地、中覆盖度草地、低覆盖度草地，水域包括河渠、湖泊、水库坑塘、永久性冰川雪地、滩涂、滩地、海域，建设用地包括城镇建设用地、农村居民点及其他建设用地，未利用地包括沙地、戈壁、盐碱地、沼泽地、裸土地、裸岩石砾及其他未利用地。遥感解译采用人机交互目视解译方法进行，解译标志采用 96-B02-0l-02 专题组建立的土地资源人机交互判读分析广东省各区域判读标志，详见表 7-31。

2014 年全市二氧化硫、化学需氧量、固体废物排放量等污染物排放数据来源于 2014 年中山市环境环统数据。降雨量、水资源量及土壤侵蚀有关数据由来源于广东省水利厅提供的数据。

表 7-30　生态遥感监测土地利用/覆盖分类体系

一级类型		二级类型		含义
代码	名称	代码	名称	
1	耕地	—	—	指种植农作物的土地，包括熟耕地、新开荒地、休闲地、轮歇地、草田轮作地；以种植农作物为主的农果、农桑、农林用地；耕种 3 年以上的滩地和海涂
		11	水田	指有水源保证和灌溉设施，在一般年景能正常灌溉，用以种植水稻、莲藕等水生农作物的耕地，包括实行水稻和旱地作物轮种的耕地
			111 山区水田	
			112 丘陵水田	
			113 平原水田	
			114 大于 25°坡地水田	
		12	旱地	指无灌溉水源及设施，靠天然降水生长作物的耕地；有水源和浇灌设施，在一般年景下能正常灌溉的旱作物耕地；以种菜为主的耕地，正常轮作的休闲地和轮歇地
			121 山区旱地	
			122 丘陵旱地	
			123 平原旱地	
			124 大于 25°坡地旱地	
2	林地	—	—	指生长乔木、灌木、竹类、以及沿海红树林地等林业用地
		21	有林地	指郁闭度>30%的天然木和人工林。包括用材林、经济林、防护林等成片林地
		22	灌木林	指郁闭度>40%，高度在 2 m 以下的矮林地和灌丛林地
		23	疏林地	指疏林地（郁闭度为 10%～30%）
		24	其他林地	未成林造林地、迹地、苗圃及各类园地（果园、桑园、茶园、热作林园地等）
3	草地	—	—	指以生长草本植物为主，覆盖度在 5%以上的各类草地，包括以牧为主的灌丛草地和郁闭度 10%以下的疏林草地
		31	高覆盖度草地	指覆盖度在>50%的天然草地、改良草地和割草地。此类草地一般水分条件较好，草被生长茂密

代码	一级类型 名称	代码	二级类型 名称	含义
3	草地	32	中覆盖度草地	指覆盖度在 20%～50%的天然草地和改良草地，此类草地一般水分不足，草被较稀疏，牧业利用条件差
		33	低覆盖度草地	指覆盖度在 5%～20%的天然草地。此类草地水分缺乏，草被稀疏，牧业利用条件差
4	水域	—	河渠	指天然陆地水域和水利设施用地
		41		指天然形成或人工开挖的河流及主干渠常年水位以下的土地
		42	湖泊	指天然形成的积水区常年水位以下的土地
		43	水库坑塘	指人工修建的蓄水区常年水位以下的土地
		44	永久性冰川雪地	指常年被冰川和雪覆盖所覆盖的土地
		45	滩涂	指沿海大潮高潮位与低潮位之间的潮侵地带
		46	滩地	指河、湖水域平水期水位与洪水期水位之间的土地
		47	海域	指围海造陆地前面的海域部分
5	城乡、工矿、居民用地	—	城镇用地	指城乡居民点及各县镇以外的工矿、交通等用地
		51		指大、中、小城市及镇以上建成区用地
		52	农村居民点	指农村居民点
		53	其他建设用地	指独立于城镇以外的厂矿、大型工业区、油田、盐场、采石场等用地、交通道路、机场及特殊用地
6	未利用土地	—		目前还未利用的土地，包括难利用的土地
		61	沙地	指地表为沙覆盖、植被覆盖度在 5%以下的土地，包括沙漠，不包括水系中的沙滩
		62	戈壁	指地表以粗砾石为主、植被覆盖度在 5%以下的土地
		63	盐碱地	指地表盐碱聚集、植被稀少、只能生长耐盐碱植物的土地
		64	沼泽地	指地势平坦低洼、排水不畅、长期积湿，季节性长期有积水或常积水，表层生长湿生植物的土地
		65	裸土地	指地表土质覆盖、植被覆盖度在 5%以下的土地
		66	裸岩石砾地	指地表为岩石或石砾，其覆盖面积>5%以下的土地
		67	其他	指其他未利用土地，包括高寒荒漠、苔原等

耕地的三级编码为：1 山地；2 丘陵；3 平原；4 大于 25°的坡地（如"113"为平原水田）

表 7-31　中国华南地区（广东、广西、海南）陆地卫星 TM 假彩色数据土地资源信息提取标志

类型		代号	空间分布位置	作物植被	形态	影像特征		备注
						色调	纹理	
耕地	水田	111	主要分布在山区河流或沟谷两侧	种植水稻为主	几何特征较为明显，田块均呈条带状分布	深青色、浅青色、深红色，色调均匀	影像结构均一细腻	在夏秋季节的卫星影像上颜色为深红色
		112	主要分布在丘陵区河流或沟谷两侧		几何特征明显，田块较小而呈条带状	深青色、浅青色、深红色，色调均匀	影像结构均一细腻	
		113	主要分布在海积、湖积、河流冲积与洪积冲积平原，以及山区河谷平原		几何特征明显、边界清晰。田块较大、呈规则整齐面状，有渠系设施	深青色、浅青色、深红色，色调均匀	影纹结构均一细腻	在秋冬季节的卫星影像上颜色为青色
		114	无					
	旱地	121	主要分布在山区缓坡地带	种植甘蔗、玉米、薯类、蔬菜为主	沿山脚低缓坡不规则条带状分布，边界较横槲	影像色调多样，一般为褐色、青色	影像结构粗糙	
		122	主要分布在丘陵区缓坡地带		几何特征不规则，边界自然圆滑，边界横槲	影像色调多样，一般为褐色、青色	影像结构粗糙	
		123	主要分布在海积、湖积、河流冲积与洪积冲积平原，地势略有起伏		几何特征较规则，呈较大的斑状，地块边界清晰	影像色调多样，一般为褐色、青色	影像结构粗糙，内部有深红色颗粒状纹理结构	秋季后期由于大田均已翻耕，卫星影像呈现深绿色或灰绿色
		124	主要分布在山区陆坡地带，地形坡度大于 25°	同其他旱地	同其他旱地	同其他旱地	同其他旱地	
有林地		21	不同地貌区域均有分布		受地形控制边界自然圆滑，呈不规则形状	深红色、暗红色，色调均匀	影像结构均一细腻	

类型		代号	空间分布位置	作物植被	影像特征			备注
					形态	色调	纹理	
林地	灌木林地	22	主要分布在丘陵及山区阴坡或河谷两侧		受地形控制边界自然圆滑呈不规则形状	浅红色，色调均匀	影像结构较粗糙	其中，园地、苗圃等呈紫红色，暗红色，迹地呈灰黑色或深青色调
	疏林地	23	主要分布山区，丘陵地带		受地形控制边界自然圆滑呈不规则形状	浅红色，色调杂乱	影像结构较细腻	
	其他林地	24	平原、丘陵、山区均有分布		几何特征明显，边界清晰，块状、不规则面状，边界清晰	影像色调多样	影像结构粗糙，大片园地有方格网纹理	
草地	高覆盖度草地	31	主要分布山区丘陵山体的阳坡顶部		分布受地形影响	黄色或浅黄色，局部有微红斑点	影像结构较均一，边界清晰	
	中覆盖度草地	32	主要分布沿海积沙堤及山体阳坡及顶部；撂荒3年以上的耕地		面状、条带状、块状，边界清晰	不均匀黄白色	影像结构较均一	
	低覆盖度草地	33	丘陵、山地或沿海局部较干旱区，分布极少		不规则斑块	黄白色或灰白色，部分青灰色	较均一	
水域	河渠	41	主要分布平原、山区沟谷		几何特征明显，局部弯曲或局部平直，边界清晰	深蓝色，色调均匀	影像结构均一	
	湖泊	42	主要分布山区		几何特征明显，呈现自然形态	深蓝色或浅蓝色，色调均匀	影像结构均一	
	水库、坑塘	43	主要分布平原、丘陵区的耕地周围		几何特征明显，有人工塑造痕迹	深蓝色或浅蓝色，色调均匀	影像结构均一	
	冰川积雪	44	无					
	海涂	45	沿海潮间带		沿海岸线呈不规则条状带分布	灰白色或白色	影像结构比较均一	
	滩地	46	河流两侧或湖泊周围		沿河流流或湖岸呈条带状分布	灰白色或白色	影像结构比较均一	

类型		代号	空间分布位置	作物植被	影像特征			备注
					形态	色调	纹理	
城乡居民点和工矿用地	城镇用地	51	主要分布于平原、沿海区及山区盆地		几何形状特征明显，边界清晰	青灰色，杂有其他地类，处色调紊乱	影像结构粗糙	
	农村居民点	52	低海拔各地貌类型区均有分布		几何形状特征明显，边界清晰	灰色或灰红色，色调较紊乱	影像结构粗糙	
	工交建设用地	53	主要分布在城镇经济发达周边地区或交通沿线		几何形状特征明显，边界清晰	灰白色，色调较均匀	影像结构较粗糙	
未利用土地	沙地	61	主要分布海积平原及海积沙堤		边界清晰	白色，色调不均匀	影像结构粗糙	
	戈壁	62	无					
	盐碱地	63	无					
	沼泽地	64	无					
	裸土地	65	主要分布丘陵、平原区城镇或居民点附近		边界比较清晰	不均匀，有灰白色	比较均一	
	裸岩	66	主要分布在山体顶部		边界清晰	灰色	比较均一	
	其他	67	无					

3．评价结果

根据《生态环境状况评价技术规范》（HJ/T 192—2015），本次评价工作参评指标主要有生物丰度指数、植被覆盖指数、水网密度指数、土地胁迫指数、污染负荷指数和环境限制指数。根据遥感解译结果，中山市 2014 年土地利用现状土地/覆盖类型面积统计和分布见表 7-32、图 7-4。

表 7-32　中山市 2014 年土地利用现状土地/覆盖类型面积统计

一级地物类型	二级地物类型	代码	面积/km²	面积/km²
林地	有林地	21	309.495	343.195
	灌木林地	22	1.987	
	疏林地	23	16.913	
	其他林地	24	14.800	
草地	高覆盖度草地	31	0.912	1.473
	中覆盖度草地	32	0.561	
水域湿地	河渠	41	83.816	463.901
	湖泊	42	0.305	
	水库、坑塘	43	376.068	
	海涂	45	0.515	
	滩地	46	3.197	
建设用地	城镇用地	51	240.746	601.747
	农村居民点	52	61.974	
	工交建设用地	53	299.026	
未利用地	裸岩	66	0.643	0.643
耕地	水田	113	301.509	325.637
	水田	114	0.209	
	旱地	121	0.031	
	旱地	122	4.715	
	旱地	123	19.173	

注：深绿色—林地；浅绿色—草地；蓝色—水域湿地；黄色—耕地；红色—建设用地

图 7-4　中山市 2014 年土地利用现状土地/覆盖类型示意

基于中山市 2014 年土地利用现状土地/覆盖类型面积统计结果，按照《生态环境状况评价技术规范》（HJ/T 192—2015）规定的计算公式和权重，分别计算 2014 年，中山市生物丰度指数、植被覆盖指数、水网密度指数、土地胁迫指数和污染负荷指数、环境限制指数及由此计算所得的生态环境状况指数见表 7-33 至表 7-38。

表 7-33　生物丰度指数计算

主要计算因子	数据及归一化系数	分权重
A_{bio}（归一化系数）	511.264 213 106 7	—
林地/km²	343.195	0.35
草地/km²	1.473	0.21
水域湿地/km²	463.901	0.28
耕地/km²	325.637	0.11
建设用地/km²	601.747	0.04
未利用地/km²	0.643	0.01
区域面积/km²	1 783.670	—
生物丰度指数计算结果	88.920	—

生境质量指数计算公式为：A_{bio}×（0.35×林地面积+0.21×草地面积+0.28×水域湿地面积+0.11×耕地面积+0.04×建设用地面积+0.01×未利用地面积）/区域面积

式中，A_{bio} 为生物丰度指数的归一化系数，参考值为 511.264 213 106 7。

表 7-34　植被覆盖指数计算

主要计算因子	数据及归一化系数
A_{veg}（植被覆盖指数的归一化系数）	0.012 116 512 4
$\sum P_i/n$（5—9 月像元 NDVI 月最大值的均值）	5 729
植被覆盖指数计算结果	69.415

植被覆盖指数计算公式为：NDVI 区域均值=A_{veg}×（$\sum P_i$）/n

式中，P_i 为 5—9 月像元 NDVI 月最大值的均值，采用 MOD_{13} 的 NDVI 数据产品；n 为区域象元数；A_{veg} 为植被覆盖指数的归一化系数，参考值为 0.012 116 512 4。

表 7-35　水网密度指数计算

主要计算因子	数据及归一化系数
A_{riv}（河流长度的归一化系数）	84.370 408 398 1
A_{lak}（水域面积的归一化系数）	591.790 864 200 5
A_{res}（水资源量的归一化系数）	86.386 954 828 1
河流长度/km	1 776.011
水域面积（含近岸海域）/km²	653.957
水资源量/10⁶ m³	1 644
区域面积/km²	1 783.67
水网密度指数计算结果	126.867

水网密度指数的计算公式为：水网密度指数=（A_{riv}×河流长度/区域面积+A_{lak}×水域面积（湖库、水库、河渠和近海）/区域面积+A_{res}×水资源量/区域面积）/3

式中，A_{riv}为河流长度的归一化系数，参考值为 84.370 408 398 1；A_{lak}为湖库面积的归一化系数，参考值为 591.790 864 200 5；A_{res}为水资源量的归一化系数，参考值为 86.386 954 828 1。

表 7-36　土地胁迫指数计算

主要计算因子	数据及归一化系数	分权重
A_{ero}（土地胁迫指数的归一化系数）	236.043 567 794 8	—
重度侵蚀面积/km²	61.76	0.4
中度侵蚀面积/km²	32.17	0.2
建设用地面积/km²	601.747	0.2
其他土地胁迫/km²	0.643	0.2
区域面积/km²	1 783.67	—
土地胁迫指数计算结果	20.064	—

土地退化指数的计算公式为：土地退化指数=A_{ero}×（0.4×重度侵蚀面积+0.2×中度侵蚀面积+0.2×建设用地面积+0.2×其他土地胁迫）/区域面积

式中，A_{ero}为土地退化指数的归一化系数，参考值为 236.043 567 794 8。

表 7-37　污染负荷指数计算

主要计算因子	数据及归一化系数
A_{COD}（COD 的归一化系数）	4.393 739 728 9
A_{NH_3}（NH₃ 的归一化系数）	40.176 475 498 6
A_{SO_2}（SO₂ 的归一化系数）	0.064 866 028 7
A_{YFC}（烟粉尘的归一化系数）	4.090 445 932 1
A_{NO_x}（NO$_x$ 的归一化系数）	0.510 304 927 8
A_{SOL}（固体废物的归一化系数）	0.074 989 428 3
COD 排放量/t	7 362.05
NH₃ 排放量/t	580.17
SO₂ 排放量/t	22 278.026
烟（粉）尘排放量/t	16 703.027 1
NO$_x$ 排放量/t	21 589.33
固体废物排放量/t	5 564
区域年降水总量/mm	1 560.3
区域面积/km²	1 783.67
污染负荷指数计算结果	12.385

污染负荷指数的计算公式为：

污染负荷指数=$0.20 \times A_{COD} \times$ COD 排放量/区域年降水总量+$0.20 \times A_{NH_3} \times$氨氮排放量/区域年降水总量+$0.20 \times A_{SO_2} \times$ SO_2 排放量/区域面积+$0.10 \times A_{YFC} \times$烟（粉）尘排放量/区域面积+$0.20 \times A_{NO_x} \times$氮氧化物排放量/区域面积+$0.10 \times A_{SOL} \times$固体废物排放量/区域面积

式中，A_{COD} 为 COD 的归一化系数，参考值为 4.393 739 728 9；A_{NH_3} 为氨氮的归一化系数，参考值为 40.176 475 498 6；A_{SO_2} 为 SO_2 的归一化系数，参考值为 0.064 866 028 7；A_{YFC} 为烟（粉）尘的归一化系数，参考值为 4.090 445 932 1；A_{NO_x} 为氮氧化物的归一化系数，参考值为 0.510 304 927 8；A_{SOL} 为固体废物的归一化系数，参考值为 0.074 989 428 3。

2014 年，中山市区域内未出现《生态环境状况评价技术规范》（HJ/T 192—2015）所规定严重影响人居生产生活安全的生态破坏和环境污染事项，如重大生态破坏、环境污染和突发环境事件等，因此环境限制指数不作为约束性指标参与评价。

综上，根据上述生态环境状况分指数计算结果，得出 2014 年中山市生态环境状况指数为 88.26＞75，生态环境状况属于《生态环境状况评价技术规范》（HJ/T 192—2015）中确定的"优"级别，说明中山市生态环境状况优良，植被覆盖度较高，生物多样性丰富，生态系统稳定。

表 7-38　2014 年中山市生态环境状况指数计算

名称	生物丰度指数	植被覆盖指数	水网密度指数	土地胁迫指数	污染负荷指数	环境限制指数	EI	级别
中山市	88.920	69.419	126.867	20.064	12.385	—	88.26	优

生态现状调查与评价综合实训

项目一　动植物名录编写

（一）实训目的

能根据调查资料整理编写某区域的动植物名录。

（二）实训支撑知识点

物种的命名方法、动植物的重要类群、物种学名的查询途径。

（三）实训条件

多媒体教室，联网计算机。

（四）实训内容及要求

学生通过查询网站资料，独立完成某区域动植物名录的编写练习。

（五）实训步骤

①教师在课堂上带领学生从查询学名到名录格式一步步练习，使学生对名录有理性认识并掌握名录编写的格式；

②课后教师准备某区域动植物资源的中文名列表；

③学生通过网络查询相关的拉丁文学名；

④学生按照名录编写的格式完成该区域动植物名录的编写并提交；

⑤学生互相交换实训作业并纠正其中错误；

⑥教师最后点评，加深认识。

（六）实训结果展示

实训一　动物名录的编写

要求：查阅某地区的动植物资源情况，并编写动物名录。

天门地区陆生脊椎动物名录

目　　科　　属　　种；

两栖类　目　科　属　　种；　爬行类　目　科　属　　种；

鸟类　　目　科　属　　种；　兽类　　目　科　属　　种。

植物名录的编写

要求：查阅某地区的动植物资源情况，并编写植物名录。

广州园林维管植物名录

科　　属　　种；

蕨类植物　　科　属　　种；　裸子植物　　科　　属　　种；

被子植物　　科　属　　种

（双子叶植物　　科　　属　　种；单子叶植物　　科　　属　　种）

项目二　植物群落的野外调查

（一）实训目的

模拟植物群落的野外调查，使学生掌握植被样方法调查的具体操作，包括样方的选择、调查的内容和记录等。

（二）实训支撑知识点

植物辨识基础、植物群落调查方法。

（三）实训条件

校园小山上的多功能生态实训场，调查次生林，有简易便道通向已划分的20 m×20 m 的标准样方。

（四）实训内容及要求

在校园小山的生态实训场地模拟次生林的植物群落调查，学生分组制订调查方案并完成野外调查。

（五）实训步骤

①学生分组，先明确调查内容和制订调查方案，同时准备调查工具；

②学生分组，每组完成一个 5 m×5 m 样方内所有植物的调查，样方调查的内容包括植物名称、坐标、高度、胸径或投影盖度；

③将调查内容记录在实训记录表上，最后汇总成电子版原始数据。

（六）实训结果展示

实训二　植物群落的野外调查
植物群落野外调查记录表

调查地点＿＿＿＿＿＿＿＿＿＿＿＿　调查时间＿＿＿＿＿＿＿＿＿＿＿＿　记录者＿＿＿＿＿

群落名称＿＿＿＿＿＿＿＿＿＿＿＿　样地面积＿＿＿＿＿＿＿＿＿＿＿＿　样地编号＿＿＿＿　第＿＿页

表1 胸径大于 1 cm 的乔木和灌木

编号	植物名称	X坐标/m	Y坐标/m	胸围/cm	树高/m	冠幅 SN/m	冠幅 EW/m	备注

表2 矮小灌丛

编号	植物名称	X坐标/m	Y坐标/m	平均高度/m	冠幅 SN/m	冠幅 EW/m	盖度	备注

表3 草本

编号	植物名称	平均高度/m	冠幅 SN/m	冠幅 EW/m	盖度	备注

项目三 群落调查数据的计算及调查评价报告编写

（一）实训目的

整理群落调查数据，能进行各项群落数量特征的计算，能进行生产力和生产量的计算，能进行群落多样性的计算，能命名群落，最后将计算结果编制成现状调查报告。

（二）实训支撑知识点

群落特征数据的计算方法。

（三）实训条件

群落调查原始数据，联网计算机房。

（四）实训内容及要求

学生分组计算野外调查的群落数据并编写生态现状调查报告。

（五）实训步骤

①教师提供植物群落调查的原始数据，并进行各种计算演示。

②学生在电脑上独立完成数据的整理和计算下列指标：每个物种的多度、盖度、频度、相对多度、相对优势度、相对频度和重要值；根据整理出的群落调查数据，计算本群落的生物量和生产力，以及多样性指数（Shannon-Weiner 指数）；根据计算出来的重要值为群落命名；将以上计算数据填写在实训记录表中。

③学生在课后分组整理野外调查数据，计算上述指标，并制作成表格。

④学生分组结合调查方法和调查结果，撰写生态现状调查报告。

⑤教师点评报告编写情况。

（六）实训结果展示

实训三　群落调查数据计算

表 1　群落数量特征分析

种号	种名	多度	相对多度/%	盖度	相对盖度/%	频度	相对频度/%	重要值
1								
2								
3								
4								
5								
	生物量　　　　生产力　　　　生物多样性							

项目四　生态现状调查报告编写

陆生生态现状调查与评价

1. 现状调查方法和内容

（1）样方设置

（2）调查内容

（3）计算方法

2. 现状评价指标与等级

（1）评价指标

（2）评价等级标准

3. 生态现状调查结果和分析

（1）动植物种类和保护

动植物名录（略）

保护动植物现状（略）

（2）植物群落调查

×××群落。

分布×××，面积约为×××m²，由×××占优势，其他还有×××等小乔木。林下灌草层，主要有×××占优势，其他还有×××等。平均生物量为× t/hm²，生长量为× t/（hm²·a），Shannon-Wiener 生物多样性指数 $H=×$ 。

表 1　×××群落

种名	多度	相对多度/%	盖度	相对盖度/%	频度	相对频度/%	重要值
乔木层							
××							
××							
××							
灌草层							
××							
××							
××							
生物量/（t/hm²）：			；生长量/[t/（hm²·a）]：			；多样性指数 $H=$	

（3）植被类型

植被类型分布图（略）。

4. 生态现状评价和分析

根据调查和样方分析统计，学院小山植被群落的各生态指标和综合生态指标见表2。

表2　学院小山植被群落现状生态指标分析表

群落和用地	面积/hm²	生物量/(t/hm²)	生长量/[t/(hm²·a)]	生物多样性	标定相对指数			生态综合指标	
					P_b	P_a	P_h	P_c	P/%
××群落									

项目五　生态制图

（一）实训目的

绘制植被图，掌握图件应包括的内容，图件配色技巧与美化。

（二）实训支撑知识点

环评制图技术、生态制图要求。

（三）实训条件

联网计算机房，安装 Coraldraw、Photoshop 等制图软件。

（四）实训内容及要求

学生独立完成植被图的绘制。

（五）实训步骤

①教师提供植被图的底图；

②学生在底图上标注各种植被类型并配以不同的颜色；

③学生在完成了主体内容的图件中加上图名、比例尺、指南针、图例等内容；

④学生互相交换实训作业并纠正其中错误；

⑤教师最后点评，加深认识。

（六）实训结果展示

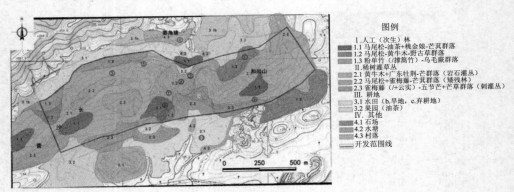

图例

Ⅰ.人工（次生）林
1.1 马尾松-油茶+桃金娘-芒萁群落
1.2 马尾松-黄牛木-野古草群落
1.3 粉单竹（撑篙竹）-乌毛蕨群落
Ⅱ.稀树灌草丛
2.1 黄牛木+广东牡荆-芒萁群落（岩石灌丛）
2.2 马尾松+雀梅藤-芒萁群落（矮残林）
2.3 雀梅藤（+云实）-五节芒+芒草群落（刺灌丛）
Ⅲ.耕地
3.1 水田（b.旱地，c.弃耕地）
3.2 果园（油茶）
Ⅳ.其他
4.1 石场
4.2 水塘
4.3 村落
开发范围线

0　250　500 m

图 1　某矿山植被示意

附录一

环境影响评价技术导则 生态影响

HJ 19—2011 代替 HJ/T 19—1997

前 言

为贯彻《中华人民共和国环境保护法》和《中华人民共和国环境影响评价法》，指导和规范生态影响评价工作，制定本标准。

本标准规定了生态影响评价的评价内容、程序、方法和技术要求。

本标准适用于建设项目的生态影响评价。区域和规划的生态影响评价可参照使用。

本标准的附录 A 和附录 C 为资料性附录，附录 B 为规范性附录。

本标准是对《环境影响评价技术导则 非污染生态影响》（HJ/T 19—1997）的第一次修订，主要修订内容如下：

——充实调整和规范了术语和定义，增加了生态影响，直接、间接、累积生态影响，生态监测，特殊、重要生态敏感区和一般区域等术语和定义；

——调整了评价工作等级的划分标准；

——明确了确定评价工作范围的原则；

——规范了生态系统的调查内容、方法；

——增加了生态影响预测内容、基本方法；

——规范和系统化了工程生态影响分析内容；

——增补了生态影响的防护与恢复内容；

——修订和增补了附录。

本标准自实施之日起，《环境影响评价技术导则 非污染生态影响》（HJ/T 19—1997）废止。

本标准由环境保护部科技标准司组织制订。

本标准主要起草单位：环境保护部环境工程评估中心、中国环境科学研究院。

本标准环境保护部 2011 年 4 月 8 日批准。

本标准自 2011 年 9 月 1 日起实施。

本标准由环境保护部解释。

1 适用范围

本标准规定了生态影响评价的一般性原则、方法、内容及技术要求。

本标准适用于建设项目对生态系统及其组成因子所造成的影响的评价。区域和规划的生态影响评价可参照使用。

2 规范性引用文件

本标准内容引用了下列文件中的条款。凡是不注日期的引用文件，其有效版本适用于本标准。

GB 40433—2008 开发建设项目水土保持技术规范

GB/T 12763.9—2007 海洋调查规范 第 9 部分：海洋生态调查指南

SC/T 9110—2007 建设项目对海洋生物资源影响评价技术规程

SL 167—1996 水库渔业资源调查方法

3 术语和定义

下列术语和定义适用于本标准。

3.1 生态影响 ecological impact

经济社会活动对生态系统及其生物因子、非生物因子所产生的任何有害的或有益的作用，影响可划分为不利影响和有利影响；直接影响、间接影响和累积影响，可逆影响和不可逆影响。

3.2 直接生态影响 direct ecological impact

经济社会活动所导致的不可避免的、与该活动同时同地发生的生态影响。

3.3 间接生态影响 indirect ecological impact

经济社会活动及其直接生态影响所诱发的、与该活动不在同一地点或不在同一时间发生的生态影响。

3.4 累积生态影响 cumulative ecological impact

经济社会活动各个组成部分之间或者该活动与其他相关活动（包括过去、现在、未来）之间造成生态影响的相互叠加。

3.5 生态监测 ecological monitoring

运用物理、化学或生物等方法对生态系统或生态系统中的生物因子、非生物因子状况及其变化趋势进行的测定、观察。

3.6 特殊生态敏感区 special ecological sensitive region

指具有极重要的生态服务功能，生态系统极为脆弱或已有较为严重的生态问题，如遭到占用、损失或破坏后所造成的生态影响后果严重且难以预防、生态功能难以恢复和替代的区域，包括自然保护区、世界文化和自然遗产地等。

3.7 重要生态敏感区 important ecological sensitive region

指具有相对重要的生态服务功能或生态系统较为脆弱，如遭到占用、损失或破坏后所造成的生态影响后果较严重，但可以通过一定措施加以预防、恢复和替代的区域，包括风景名胜区、森林公园、地质公园、重要湿地、原始天然林、珍稀濒危野生动植物天然集中分布区、重要水生生物的自然产卵场及索饵场、越冬场和洄游通道、天然渔场等。

3.8 一般区域 ordinary region

除特殊生态敏感区和重要生态敏感区以外的其他区域。

4 总则

4.1 评价原则

4.1.1 坚持重点与全面相结合的原则。既要突出评价项目所涉及的重点区域、关键时段和主导生态因子，又要从整体上兼顾评价项目所涉及的生态系统和生态因子在不同时空等级尺度上结构与功能的完整性。

4.1.2 坚持预防与恢复相结合的原则。预防优先，恢复补偿为辅。恢复、补偿等措施必须与项目所在地的生态功能区划的要求相适应。

4.1.3 坚持定量与定性相结合的原则。生态影响评价应尽量采用定量方法进行描述和分析，当现有科学方法不能满足定量需要或因其他原因无法实现定量测定时，生态影响评价可通过定性或类比的方法进行描述和分析。

4.2 评价工作分级

4.2.1 依据影响区域的生态敏感性和评价项目的工程占地（含水域）范围，包括永久占地和临时占地，将生态影响评价工作等级划分为一级、二级和三级，如表1所示。位于原厂界（或永久用地）范围内的工业类改扩建项目，可做生态影响分析。

表1　生态影响评价工作等级划分表

影响区域生态敏感性	工程占地（含水域）范围		
	面积≥20 km² 或长度≥100 km	面积 2～20 km² 或长度 50～100 km	面积≤2 km² 或长度≤50 km
特殊生态敏感区	一级	一级	一级
重要生态敏感区	一级	二级	三级
一般区域	二级	三级	三级

4.2.2　当工程占地（含水域）范围的面积或长度分别属于两个不同评价工作等级时，原则上应按其中较高的评价工作等级进行评价。改扩建工程的工程占地范围以新增占地（含水域）面积或长度计算。

4.2.3　在矿山开采可能导致矿区土地利用类型明显改变，或拦河闸坝建设可能明显改变水文情势等情况下，评价工作等级应上调一级。

4.3　评价工作范围

生态影响评价应能够充分体现生态完整性，涵盖评价项目全部活动的直接影响区域和间接影响区域。评价工作范围应依据评价项目对生态因子的影响方式、影响程度和生态因子之间的相互影响和相互依存关系确定。可综合考虑评价项目与项目区的气候过程、水文过程、生物过程等生物地球化学循环过程的相互作用关系，以评价项目影响区域所涉及的完整气候单元、水文单元、生态单元、地理单元界限为参照边界。

4.4　生态影响判定依据

4.4.1　国家、行业和地方已颁布的资源环境保护等相关法规、政策、标准、规划和区划等确定的目标、措施与要求。

4.4.2　科学研究判定的生态效应或评价项目实际的生态监测、模拟结果。

4.4.3　评价项目所在地区及相似区域生态背景值或本底值。

4.4.4　已有性质、规模以及区域生态敏感性相似项目的实际生态影响类比。

4.4.5　相关领域专家、管理部门及公众的咨询意见。

5　工程分析

5.1　工程分析内容

工程分析内容应包括：项目所处的地理位置、工程的规划依据和规划环评依据、工程类型、项目组成、占地规模、总平面及现场布置、施工方式、施工时序、运行方式、替代方案、工程总投资与环保投资、设计方案中的生态保护措施等。

工程分析时段应涵盖勘察期、施工期、运营期和退役期，以施工期和运营期为调查分析的重点。

5.2　工程分析重点

根据评价项目自身特点、区域的生态特点以及评价项目与影响区域生态系统的相互关系，确定工程分析的重点，分析生态影响的源及其强度。主要内容应包括：

　　a）可能产生重大生态影响的工程行为；

　　b）与特殊生态敏感区和重要生态敏感区有关的工程行为；

　　c）可能产生间接、累积生态影响的工程行为；

　　d）可能造成重大资源占用和配置的工程行为。

6　生态现状调查与评价

6.1　生态现状调查

6.1.1　生态现状调查要求

生态现状调查是生态现状评价、影响预测的基础和依据，调查的内容和指标应能反映评价工作范围内的生态背景特征和现存的主要生态问题。在有敏感生态保护目标（包括特殊生态敏感区和重要生态敏感区）或其他特别保护要求对象时，应做专题调查。

生态现状调查应在收集资料基础上开展现场工作，生态现状调查的范围应不小于评价工作的范围。

一级评价应给出采样地样方实测、遥感等方法测定的生物量、物种多样性等数据，给出主要生物物种名录、受保护的野生动植物物种等调查资料；

二级评价的生物量和物种多样性调查可依据已有资料推断，或实测一定数量的、具有代表性的样方予以验证；

三级评价可充分借鉴已有资料进行说明。

生态现状调查方法可参见附录 A；图件收集和编制要求应遵照附录 B。

6.1.2　调查内容

6.1.2.1　生态背景调查

根据生态影响的空间和时间尺度特点，调查影响区域内涉及的生态系统类型、结构、功能和过程，以及相关的非生物因子特征（如气候、土壤、地形地貌、水文及水文地质等），重点调查受保护的珍稀濒危物种、关键种、土著种、建群种和特有种，天然的重要经济物种等。如涉及国家级和省级保护物种、珍稀濒危物种和地方特有物种时，应逐个或逐类说明其类型、分布、保护级别、保护状况等；如涉及特殊生态敏感区和重要生态敏感区时，应逐个说明其类型、等级、分布、保护对象、功能区划、保护要求等。

6.1.2.2 主要生态问题调查

调查影响区域内已经存在的制约本区域可持续发展的主要生态问题，如水土流失、沙漠化、石漠化、盐渍化、自然灾害、生物入侵和污染危害等，指出其类型、成因、空间分布、发生特点等。

6.2 生态现状评价

6.2.1 评价要求

在区域生态基本特征现状调查的基础上，对评价区的生态现状进行定量或定性的分析评价，评价应采用文字和图件相结合的表现形式，图件制作应遵照附录 B 的规定，评价方法可参见附录 C。

6.2.2 评价内容

a）在阐明生态系统现状的基础上，分析影响区域内生态系统状况的主要原因。评价生态系统的结构与功能状况（如水源涵养、防风固沙、生物多样性保护等主导生态功能）、生态系统面临的压力和存在的问题、生态系统的总体变化趋势等。

b）分析和评价受影响区域内动、植物等生态因子的现状组成、分布；当评价区域涉及受保护的敏感物种时，应重点分析该敏感物种的生态学特征；当评价区域涉及特殊生态敏感区或重要生态敏感区时，应分析其生态现状、保护现状和存在的问题等。

7 生态影响预测与评价

7.1 生态影响预测与评价内容

生态影响预测与评价内容应与现状评价内容相对应，依据区域生态保护的需要和受影响生态系统的主导生态功能选择评价预测指标。

a）评价工作范围内涉及的生态系统及其主要生态因子的影响评价。通过分析影响作用的方式、范围、强度和持续时间来判别生态系统受影响的范围、强度和持续时间；预测生态系统组成和服务功能的变化趋势，重点关注其中的不利影响、不可逆影响和累积生态影响。

    b）敏感生态保护目标的影响评价应在明确保护目标的性质、特点、法律地位和保护要求的情况下，分析评价项目的影响途径、影响方式和影响程度，预测潜在的后果。

    c）预测评价项目对区域现存主要生态问题的影响趋势。

7.2　生态影响预测与评价方法

    生态影响预测与评价方法应根据评价对象的生态学特性，在调查、判定该区主要的、辅助的生态功能以及完成功能必需的生态过程的基础上，分别采用定量分析与定性分析相结合的方法进行预测与评价。常用的方法包括列表清单法、图形叠置法、生态机理分析法、景观生态学法、指数法与综合指数法、类比分析法、系统分析法和生物多样性评价等，可参见附录 C。

8　生态影响的防护、恢复、补偿及替代方案

8.1　生态影响的防护、恢复与补偿原则

8.1.1　应按照避让、减缓、补偿和重建的次序提出生态影响防护与恢复的措施；所采取措施的效果应有利于修复和增强区域生态功能。

8.1.2　凡涉及不可替代、极具价值、极敏感、被破坏后很难恢复的敏感生态保护目标（如特殊生态敏感区、珍稀濒危物种）时，必须提出可靠的避让措施或生境替代方案。

8.1.3　涉及采取措施后可恢复或修复的生态目标时，也应尽可能提出避让措施；否则，应制定恢复、修复和补偿措施。各项生态保护措施应按项目实施阶段分别提出，并提出实施时限和估算经费。

8.2　替代方案

8.2.1　替代方案主要指项目中的选线、选址替代方案，项目的组成和内容替代方案，工艺和生产技术的替代方案，施工和运营方案的替代方案、生态保护措施的替代方案。

8.2.2　评价应对替代方案进行生态可行性论证，优先选择生态影响最小的替代方案，最终选定的方案至少应该是生态保护可行的方案。

8.3　生态保护措施

8.3.1　生态保护措施应包括保护对象和目标，内容、规模及工艺，实施空间和时序，保障措施和预期效果分析，绘制生态保护措施平面布置示意图和典型措施设施工艺图。估算或概算环境保护投资。

8.3.2　对可能具有重大、敏感生态影响的建设项目，区域、流域开发项目，应提出长期的生态监测计划、科技支撑方案，明确监测因子、方法、频次等。

8.3.3　明确施工期和运营期管理原则与技术要求。可提出环境保护工程分标与招投标原则，施工期工程环境监理，环境保护阶段验收和总体验收、环境影响后评价等环保管理技术方案。

9　结论与建议

从生态影响及生态恢复、补偿等方面，对项目建设的可行性提出结论与建议。

附 录 A
（资料性附录）
生态现状调查方法

A.1 资料收集法

即收集现有的能反映生态现状或生态背景的资料，从表现形式上分为文字资料和图形资料，从时间上可分为历史资料和现状资料，从收集行业类别上可分为农、林、牧、渔和环境保护部门，从资料性质上可分为环境影响报告书、有关污染源调查、生态保护规划、规定、生态功能区划、生态敏感目标的基本情况以及其他生态调查材料等。使用资料收集法时，应保证资料的现时性，引用资料必须建立在现场校验的基础上。

A.2 现场勘察法

现场勘察应遵循整体与重点相结合的原则，在综合考虑主导生态因子结构与功能的完整性的同时，突出重点区域和关键时段的调查，并通过对影响区域的实际踏勘，核实收集资料的准确性，以获取实际资料和数据。

A.3 专家和公众咨询法

专家和公众咨询法是对现场勘察的有益补充。通过咨询有关专家，收集评价工作范围内的公众、社会团体和相关管理部门对项目影响的意见，发现现场踏勘中遗漏的生态问题。专家和公众咨询应与资料收集和现场勘察同步开展。

A.4 生态监测法

当资料收集、现场勘察、专家和公众咨询提供的数据无法满足评价的定量需要，或项目可能产生潜在的或长期累积效应时，可考虑选用生态监测法。生态监测应根据监测因子的生态学特点和干扰活动的特点确定监测位置和频次，有代表性地布点。生态监测方法与技术要求须符合国家现行的有关生态监测规范和监测标准分析方法；对于生态系统生产力的调查，必要时需现场采样、实验室测定。

A.5　遥感调查法

当涉及区域范围较大或主导生态因子的空间等级尺度较大，通过人力踏勘较为困难或难以完成评价时，可采用遥感调查法。遥感调查过程中必须辅助必要的现场勘察工作。

A.6　海洋生态调查方法

海洋生态调查方法见 GB/T 12763.9—2007。

A.7　水库渔业资源调查方法

水库渔业资源调查方法见 SL 167—1996。

附 录 B

（规范性附录）

生态影响评价图件规范与要求

B.1 一般原则

B.1.1 生态影响评价图件是指以图形、图像的形式，对生态影响评价有关空间内容的描述、表达或定量分析。生态影响评价图件是生态影响评价报告的必要组成内容，是评价的主要依据和成果的重要表示形式，是指导生态保护措施设计的重要依据。

B.1.2 本附录主要适用于生态影响评价工作中表达地理空间信息的地图，应遵循有效、实用、规范的原则，根据评价工作等级和成图范围以及所表达的主题内容选择适当的成图精度和图件构成，充分反映出评价项目、生态因子构成、空间分布以及评价项目与影响区域生态系统的空间作用关系、途径或规模。

B.2 图件构成

B.2.1 根据评价项目自身特点、评价工作等级以及区域生态敏感性不同，生态影响评价图件由基本图件和推荐图件构成，如表B.1 所示。

表 B.1 生态影响评价图件构成要求

评价工作等级	基本图件	推荐图件
一级	（1）项目区域地理位置图 （2）工程平面图 （3）土地利用现状图 （4）地表水系图 （5）植被类型图 （6）特殊生态敏感区和重要生态敏感区空间分布图 （7）主要评价因子的评价成果和预测图 （8）生态监测布点图 （9）典型生态保护措施平面布置示意图	（1）当评价工作范围内涉及山岭重丘区时，可提供地形地貌图、土壤类型图和土壤侵蚀分布图； （2）当评价工作范围内涉及河流、湖泊等地表水时，可提供水环境功能区划图；当涉及地下水时，可提供水文地质图件等； （3）当评价工作范围涉及海洋和海岸带时，可提供海域岸线图、海洋功能区划图，根据评价需要选做海洋渔业资源分布图、主要经济鱼类产卵场分布图、滩涂分布现状图； （4）当评价工作范围内已有土地利用规划时，可提供已有土地利用规划图和生态功能分区图； （5）当评价工作范围内涉及地表塌陷时，可提供塌陷等值线图； （6）此外，可根据评价工作范围内涉及的不同生态系统类型，选作动植物资源分布图、珍稀濒危物种分布图、基本农田分布图、绿化布置图、荒漠化土地分布图等

评价工作等级	基本图件	推荐图件
二级	（1）项目区域地理位置图 （2）工程平面图 （3）土地利用现状图 （4）地表水系图 （5）特殊生态敏感区和重要生态敏感区空间分布图 （6）主要评价因子的评价成果和预测图 （7）典型生态保护措施平面布置示意图	（1）当评价工作范围内涉及山岭重丘区时，可提供地形地貌图和土壤侵蚀分布图； （2）当评价工作范围内涉及河流、湖泊等地表水时，可提供水环境功能区划图；当涉及地下水时，可提供水文地质图件； （3）当评价工作范围内涉及海域时，可提供海域岸线图和海洋功能区划图； （4）当评价工作范围内已有土地利用规划时，可提供已有土地利用规划图和生态功能分区图； （5）评价工作范围内，陆域可根据评价需要选做植被类型图或绿化布置图
三级	（1）项目区域地理位置图 （2）工程平面图 （3）土地利用或水体利用现状图 （4）典型生态保护措施平面布置示意图	（1）评价工作范围内，陆域可根据评价需要选做植被类型图或绿化布置图； （2）当评价工作范围内涉及山岭重丘区时，可提供地形地貌图； （3）当评价工作范围内涉及河流、湖泊等地表水时，可提供地表水系图； （4）当评价工作范围内涉及海域时，可提供海洋功能区划图； （5）当涉及重要生态敏感区时，可提供关键评价因子的评价成果图

B.2.2 基本图件是指根据生态影响评价工作等级不同，各级生态影响评价工作需提供的必要图件。当评价项目涉及特殊生态敏感区域和重要生态敏感区时必须提供能反映生态敏感特征的专题图，如保护物种空间分布图；当开展生态监测工作时必须提供相应的生态监测点位图。

B.2.3 推荐图件是在现有技术条件下可以图形图像形式表达的、有助于阐明生态影响评价结果的选做图件。

B.3 图件制作规范与要求

B.3.1 数据来源与要求

a）生态影响评价图件制作基础数据来源包括：已有图件资料、采样、实验、地面勘测和遥感信息等。

b）图件基础数据来源应满足生态影响评价的时效要求，选择与评价基准时段相匹配的数据源。当图件主题内容无显著变化时，制图数据源的时效要求可在无显著变化期内适当放宽，但必须经过现场勘验校核。

B.3.2 制图与成图精度要求

生态影响评价制图的工作精度一般不低于工程可行性研究制图精度，成图精度应满足生态影响的判别和生态保护措施的实施。

生态影响评价成图应能准确、清晰地反映评价主题内容，成图比例不应低于表 B.2 中的规范要求（项目区域地理位置图除外）。当成图范围过大时，可采用点线面相结合的方式，分幅成图；当涉及敏感生态保护目标时，应分幅单独成图，以提高成图精度。

表 B.2　生态影响评价图件成图比例规范要求

成图范围		成图比例尺		
		一级评价	二级评价	三级评价
面积	≥100 km²	≥1：10 万	≥1：10 万	≥1：25 万
	20～100 km²	≥1：5 万	≥1：5 万	≥1：10 万
	2～≤20 km²	≥1：1 万	≥1：1 万	≥1：2.5 万
	≤2 km²	≥1：5 000	≥1：5 000	≥1：1 万
长度	≥100 km	≥1：25 万	≥1：25 万	≥1：25 万
	50～100 km	≥1：10 万	≥1：10 万	≥1：25 万
	10～≤50 km	≥1：5 万	≥1：10 万	≥1：10 万
	≤10 km	≥1：1 万	≥1：1 万	≥1：5 万

B.3.3 图形整饬规范

生态影响评价图件应符合专题地图制图的整饬规范要求，成图应包括图名、比例尺、方向标/经纬度、图例、注记、制图数据源（调查数据、实验数据、遥感信息源或其他）、成图时间等要素。

附 录 C

（资料性附录）

推荐的生态影响评价和预测方法

C.1 列表清单法

列表清单法是 Little 等于 1971 年提出的一种定性分析方法。该方法的特点是简单明了，针对性强。

a）方法

列表清单法的基本做法是，将拟实施的开发建设活动的影响因素与可能受影响的环境因子分别列在同一张表格的行与列内，逐点进行分析，并逐条阐明影响的性质、强度等。由此分析开发建设活动的生态影响。

b）应用

1）进行开发建设活动对生态因子的影响分析；

2）进行生态保护措施的筛选；

3）进行物种或栖息地重要性或优先度比选。

C.2 图形叠置法

图形叠置法，是把两个以上的生态信息叠合到一张图上，构成复合图，用以表示生态变化的方向和程度。本方法的特点是直观、形象，简单明了。

图形叠置法有两种基本制作手段：指标法和 3S 叠图法。

a）指标法

1）确定评价区域范围；

2）进行生态调查，收集评价工作范围与周边地区自然环境、动植物等的信息，同时收集社会经济和环境污染及环境质量信息；

3）进行影响识别并筛选拟评价因子，其中包括识别和分析主要生态问题；

4）研究拟评价生态系统或生态因子的地域分异特点与规律，对拟评价的生态系统、生态因子或生态问题建立表征其特性的指标体系，并通过定性分析或定量方法对指标赋值或分级，再依据指标值进行区域划分；

5）将上述区划信息绘制在生态图上。

b）3S 叠图法

1）选用地形图，或正式出版的地理地图，或经过精校正的遥感影像作为工作底图，底图范围应略大于评价工作范围；

2）在底图上描绘主要生态因子信息，如植被覆盖、动物分布、河流水系、土地利用和特别保护目标等；

3）进行影响识别与筛选评价因子；

4）运用 3S 技术，分析评价因子的不同影响性质、类型和程度；

5）将影响因子图和底图叠加，得到生态影响评价图。

c）图形叠置法应用

1）主要用于区域生态质量评价和影响评价；

2）用于具有区域性影响的特大型建设项目评价中，如大型水利枢纽工程、新能源基地建设、矿业开发项目等；

3）用于土地利用开发和农业开发中。

C.3　生态机理分析法

生态机理分析法是根据建设项目的特点和受其影响的动、植物的生物学特征，依照生态学原理分析、预测工程生态影响的方法。生态机理分析法的工作步骤如下：

a）调查环境背景现状和搜集工程组成和建设等有关资料；

b）调查植物和动物分布，动物栖息地和迁徙路线；

c）根据调查结果分别对植物或动物种群、群落和生态系统进行分析，描述其分布特点、结构特征和演化等级；

d）识别有无珍稀濒危物种及重要经济、历史、景观和科研价值的物种；

e）预测项目建成后该地区动物、植物生长环境的变化；

f）根据项目建成后的环境（水、气、土和生命组分）变化，对照无开发项目条件下动物、植物或生态系统演替趋势，预测项目对动物和植物个体、种群和群落的影响，并预测生态系统演替方向。

评价过程中有时要根据实际情况进行相应的生物模拟试验，如环境条件、生物习性模拟试验、生物毒理学试验、实地种植或放养试验等；或进行数学模拟，如种群增长模型的应用。

该方法需与生物学、地理学、水文学、数学及其他多学科合作评价，才能得出较为客观的结果。

C.4 景观生态学法

景观生态学法是通过研究某一区域、一定时段内的生态系统类群的格局、特点、综合资源状况等自然规律，以及人为干预下的演替趋势，揭示人类活动在改变生物与环境方面的作用的方法。景观生态学对生态质量状况的评判是通过两个方面进行的，一是空间结构分析，二是功能与稳定性分析。景观生态学认为，景观的结构与功能是相当匹配的，且增加景观异质性和共生性也是生态学和社会学整体论的基本原则。

空间结构分析基于景观是高于生态系统的自然系统，是一个清晰的和可度量的单位。景观由斑块、基质和廊道组成，其中基质是景观的背景地块，是景观中一种可以控制环境质量的组分。因此，基质的判定是空间结构分析的重要内容。判定基质有三个标准，即相对面积大、连通程度高、有动态控制功能。基质的判定多借用传统生态学中计算植被重要值的方法。决定某一斑块类型在景观中的优势，也称优势度值（Do）。优势度值由密度（Rd）、频率（Rf）和景观比例（Lp）三个参数计算得出。其数学表达式如下：

Rd=（斑块 i 的数目/斑块总数）×100%

Rf=（斑块 i 出现的样方数/总样方数）×100%

Lp=（斑块 i 的面积/样地总面积）×100%

Do=0.5×[0.5×（Rd+Rf）+Lp]×100%

上述分析同时反映自然组分在区域生态系统中的数量和分布，因此能较准确地表示生态系统的整体性。

景观的功能和稳定性分析包括如下四个方面内容：

a）生物恢复力分析：分析景观基本元素的再生能力或高亚稳定性元素能否占主导地位。

b）异质性分析：基质为绿地时，由于异质化程度高的基质很容易维护它的基质地位，从而达到增强景观稳定性的作用。

c）种群源的持久性和可达性分析：分析动、植物物种能否持久保持能量流、养分流，分析物种流可否顺利地从一种景观元素迁移到另一种元素，从而增强共生性。

d）景观组织的开放性分析：分析景观组织与周边生境的交流渠道是否畅通。开放性强的景观组织可以增强抵抗力和恢复力。景观生态学方法既可以用于生态现状评价，也可以用于生境变化预测，目前是国内外生态影响评价学术领域中较先进的方法。

C.5 指数法与综合指数法

指数法是利用同度量因素的相对值来表明因素变化状况的方法，是建设项目环境影响评价中规定的评价方法，指数法同样可将其拓展而用于生态影响评价中。指数法简明扼要，且符合人们所熟悉的环境污染影响评价思路，但困难之点在于需明确建立表征生态质量的标准体系，且难以赋权和准确定量。综合指数法是从确定同度量因素出发，把不能直接对比的事物变成能够同度量的方法。

a）单因子指数法

选定合适的评价标准，采集拟评价项目区的现状资料。可进行生态因子现状评价：例如以同类型立地条件的森林植被覆盖率为标准，可评价项目建设区的植被覆盖现状情况；也可进行生态因子的预测评价：如以评价区现状植被盖度为评价标准，可评价建设项目建成后植被盖度的变化率。

b）综合指数法

1）分析研究评价的生态因子的性质及变化规律；

2）建立表征各生态因子特性的指标体系；

3）确定评价标准；

4）建立评价函数曲线，将评价的环境因子的现状值（开发建设活动前）与预测值（开发建设活动后）转换为统一的无量纲的环境质量指标。用1～0表示优劣（"1"表示最佳的、顶极的、原始或人类干预甚少的生态状况，"0"表示最差的、极度破坏的、几乎无生物性的生态状况）由此计算出开发建设活动前后环境因子质量的变化值；

5）根据各评价因子的相对重要性赋予权重；

6）将各因子的变化值综合，提出综合影响评价值。

$$即 \quad \Delta E = \sum (E_{hi} - E_{qi}) \times W_i \qquad (C.1)$$

式中：ΔE——开发建设活动日前后生态质量变化值；

E_{hi}——开发建设活动后 i 因子的质量指标；

E_{qi}——开发建设活动前 i 因子的质量指标；

W_i——i 因子的权值。

c）指数法应用

1）可用于生态因子单因子质量评价；

2）可用于生态多因子综合质量评价；

3）可用于生态系统功能评价。

d）说明

建立评价函数曲线须根据标准规定的指标值确定曲线的上、下限。对于空气和水这些已有明确质量标准的因子，可直接用不同级别的标准值作上、下限；对于无明确标准的生态因子，须根据评价目的、评价要求和环境特点选择相应的环境质量标准值，再确定上、下限。

C.6 类比分析法

类比分析法是一种比较常用的定性和半定量评价方法，一般有生态整体类比、生态因子类比和生态问题类比等。

a）方法

根据已有的开发建设活动（项目、工程）对生态系统产生的影响来分析或预测拟进行的开发建设活动（项目、工程）可能产生的影响。选择好类比对象（类比项目）是进行类比分析或预测评价的基础，也是该法成败的关键。

类比对象的选择条件是：工程性质、工艺和规模与拟建项目基本相当，生态因子（地理、地质、气候、生物因素等）相似，项目建成已有一定时间，所产生的影响已基本全部显现。

类比对象确定后，则需选择和确定类比因子及指标，并对类比对象开展调查与评价，再分析拟建项目与类比对象的差异。根据类比对象与拟建项目的比较，做出类比分析结论。

b）应用

1）进行生态影响识别和评价因子筛选；

2）以原始生态系统作为参照，可评价目标生态系统的质量；

3）进行生态影响的定性分析与评价；

4）进行某一个或几个生态因子的影响评价；

5）预测生态问题的发生与发展趋势及其危害；

6）确定环保目标和寻求最有效、可行的生态保护措施。

C.7 系统分析法

系统分析法是指把要解决的问题作为一个系统，对系统要素进行综合分析，找出解决问题的可行方案的咨询方法。具体步骤包括：限定问题、确定目标、调查研究、收集数据、提出备选方案和评价标准、备选方案评估和提出最可行方案。

系统分析法因其能妥善地解决一些多目标动态性问题，目前已广泛应用于各行各业，尤其在进行区域开发或解决优化方案选择问题时，系统分析法显示出其他方法所不能达到的效果。

在生态系统质量评价中使用系统分析的具体方法有专家咨询法、层次分析法、模糊综合评判法、综合排序法、系统动力学、灰色关联等方法，这些方法原则上都适用于生态影响评价。这些方法的具体操作过程可查阅有关书刊。

C.8 生物多样性评价方法

生物多样性评价是指通过实地调查，分析生态系统和生物种的历史变迁、现状和存在主要问题的方法，评价目的是有效保护生物多样性。

生物多样性通常用香农-威纳指数（Shannon-Wiener Index）表征：

$$H = -\sum_{i=1}^{S} P_i \ln(P_i) \qquad\qquad （C.2）$$

式中：H——样品的信息含量（彼得/个体）=群落的多样性指数；

S——种数；

P_i——样品中属于第 i 种的个体比例，如样品总个体数为 N，第 i 种个体数为 n_i，则 $P_i = n_i/N$。

C.9 海洋及水生生物资源影响评价方法

海洋生物资源影响评价技术方法参见 SC/T 9110—2007，以及其他推荐的生态影响评价和预测适用方法；水生生物资源影响评价技术方法，可适当参照该技术规程及其他推荐的适用方法进行。

C.10 土壤侵蚀预测方法

土壤侵蚀预测方法参见 GB 40433—2008。

附录二

生物多样性观测技术导则　陆生维管植物

HJ 710.1—2014

前　言

为贯彻落实《环境保护法》、《野生植物保护条例》，规范我国生物多样性观测工作，制定本标准。

本标准规定了陆生维管植物多样性观测的主要内容、技术要求和方法。

本标准附录 A、B、C、D、E、F、G、H、I、J、K、L、M、N、O、P、Q 为资料性附录。

本标准为首次发布。

本标准由环境保护部科技标准司组织制订。

本标准主要起草单位：中国科学院植物研究所、环境保护部南京环境科学研究所。

本标准环境保护部 2014 年 10 月 31 日批准。

本标准自 2015 年 1 月 1 日起实施。

本标准由环境保护部解释。

1　适用范围

本标准规定了陆生维管植物多样性观测的主要内容、技术要求和方法。

本标准适用于中华人民共和国范围内陆生维管植物多样性的观测。

2　规范性引用文件

本标准引用了下列文件或其中的条款。凡是未注明日期的引用文件，其最新版本适用于本标准。

GB/T 7714　文后参考文献著录规则

GB/T 17296　中国土壤分类与代码

HJ 623　区域生物多样性评价标准

HJ 628　生物遗传资源采集技术规范（试行）

NY/T 87　土壤全钾测定法

NY/T 88　土壤全磷测定法

NY/T 1121.4　土壤检测　第 4 部分：土壤容重的测定

NY/T 1121.6　土壤检测　第 6 部分：土壤有机质的测定

NY/T 1121.24　土壤检测　第 24 部分：土壤全氮的测定自动定氮仪法

NY/T 1377　土壤 pH 值的测定

LY/T 1223　森林土壤坚实度的测定

3　术语和定义

3.1　维管植物 vascular plant
指具有维管组织的植物，包括蕨类植物、裸子植物和被子植物。

3.2　乔木 tree
指具有独立的主干，主干和树冠有明显区分的高大的木本植物，一般成熟个体高度达 5 m 以上。

3.3　灌木 shrub
指不具明显独立的主干，并在出土后即行分枝，或丛生地上的比较矮小的木本植物，一般成熟个体高度小于 5 m。

3.4　灌丛 shrubland
指以灌木为主形成的植物群落类型。

3.5　草本 herb
指木质部不甚发达，茎为草质或肉质的植物。

3.6　种群 population
指在同一时期内占有一定空间的同种生物个体的集合。

3.7　优势种 dominant species
指在群落中地位最重要，对群落结构和环境的形成有明显控制作用的物种，通常个体数量多或生物量高。

3.8　物候期 phenological period
指维管植物随着季节性气候变化作出相适应的植物器官的形态变化时期。

3.9　多度 abundance
指某一植物物种在群落中的个体数量，通常采用直接计数法或目测估计法进行测定。

3.10 盖度 coverage

指植物枝叶所覆盖土地的垂直投影面积，一般用百分率表示。

3.11 频度 frequency

指某种植物在群落全部调查样方中出现的百分率。

3.12 密度 density

指单位面积上某种植物的全部个体数目。

3.13 物种多样性 species diversity

指群落内或生态系统中生物种类的丰富程度，本标准指维管植物种类的丰富程度，包括物种的数量和物种的均匀程度两个方面，有多种测度指数。

3.14 坡度 slope

指观测样地坡面的斜度，即坡面法线与水平面的夹角。

3.15 坡向 Aspect

指坡面法线在水平面上投影的方向，用该投影与正北方向的夹角表示。

4 观测原则

4.1 科学性原则

观测样地和观测对象应具有代表性，能反映观测区域维管植物（简称"植物"）多样性的整体状况；观测方法应统一、标准化。

4.2 可操作性原则

观测方案应考虑观测区域的自然条件，所拥有的人力、财力和后勤保障等条件，充分利用现有设备、技术力量、资料和成果，使观测方案高效、可行。

4.3 持续性原则

观测工作应满足生物多样性保护和管理的需要，对生物多样性保护和管理起到指导及预警作用。观测对象、方法、时间和频次一经确定，应长期保持不变。

4.4 保护性原则

观测方案、技术和活动坚持保护性原则，不应对生物个体、群落组成和结构及生境造成影响或改变。

4.5 安全性原则

观测活动具有一定的野外工作特点。观测者应接受相关专业培训，采取安全防护措施。

5 观测方法

5.1 观测准备

5.1.1 方案制定

准备观测区域植被类型图、1：10 000地形图、气候资料、动植物区系等资料，对观测区域进行野外踏查，根据观测目的制定科学合理的观测方案。

5.1.2 人力准备

根据观测目的、任务和进度要求，组织足够的观测力量，明确人员的责任，组织观测方法、技术、质量控制和管理、安全、急救、野外生存技巧等方面的培训，保证观测任务的顺利完成。

5.1.3 工具准备

根据观测方案，准备相应的仪器、设备、工具，包括：森林罗盘仪、经纬仪（全站仪）、全球定位系统（GPS）定位仪、50 m卷尺、5 m卷尺、胸径尺、锤子、记录夹、记录纸、记录笔、油漆刷、铅笔、橡皮、标本夹、测高杆、便携式激光测距仪等。

5.1.4 材料准备

根据观测任务，准备相应的材料和防护用品，包括：样方顶点的固定标记物如水泥桩，标记植物个体的标牌，分割样方的绳子如简易塑料绳，标记植物个体用不锈钢钉及韧性好、易操作、抗风化的材料,如细铝丝、钢丝等，红油漆，松香油，PVC管，手套等。

5.1.5 后勤补给

就近选择交通方便、生活便利、联络畅通的场所建立后勤补给点，为观测任务提供充分的后勤保障。

5.2 观测对象的选择

根据观测目的和任务，在观测区内选择具有代表性的群落，对群落中的植物物种多样性进行观测。森林群落观测对象为乔木、灌木和草本植物。灌丛群落观测对象为灌木和草本植物。草地群落观测对象为草本植物。

5.3 观测样地设置

5.3.1 观测样地选择原则

5.3.1.1 样地代表性

样地应具有代表性，为观测区域内充分满足观测目的和任务的典型群落。

5.3.1.2 样地位置

样地位置应易于观测工作展开，离后勤补给点不宜太远，避开悬崖、陡坡等危险区域。

5.3.1.3 样地选择

样地应利于长期观测和样地维护，避开、排除与观测目的无关因素的干扰。

5.3.1.4 样地形状

样地形状应以正方形为宜。

5.3.1.5 样地大小

样地大小应能够反映集合群落的组成和结构。

5.3.2 观测样地面积与样方数量

5.3.2.1 森林

观测样地的面积以 $\geq 1\ hm^2$（100 m×100 m）为宜，本标准"面积"均指"垂直投影面积"。

5.3.2.2 灌丛

观测样地一般不少于 5 个 10 m×10 m 的样方，对大型或稀疏灌丛，样方面积扩大到 20 m×20 m 或更大。

5.3.2.3 草地

观测样地一般不少于 5 个 1 m×1 m 样方，样方之间的间隔不小于 250 m，若观测区域草地群落分布呈斑块状、较为稀疏或草本植物高大，应将样方扩大至 2 m×2 m。

5.3.3 观测样地的建立

5.3.3.1 森林

5.3.3.1.1 胸径（DBH）≥1 cm 乔木和灌木植物观测

在选定建立观测样地的位置，用森林罗盘仪确定样地的方向（一般是正南北方向）和基线，然后用经纬仪（全站仪）将样地划分为 20 m×20 m 样方（图 1、图 2）；记录测量点之间的水平距、斜距和高差（图 2，记录表参见附录 A）；对每个样方的顶点编号并永久标记；最后，用卷尺、测绳或便携式激光测距仪将每个 20 m×20 m 样方划分为 5 m×5 m 小样方（图 1），样方顶点用临时 PVC 管标记，边界用塑料绳或其他材料临时标记，这些 5 m×5 m 样方作为胸径（DBH）≥1 cm 乔木和灌木的基本观测单元；观测任务完成后将这些临时标记全部移除，并作无害化处理。

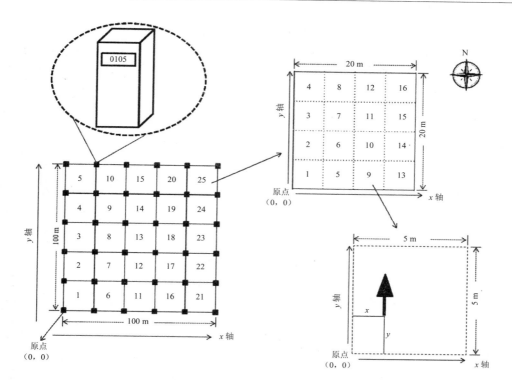

图 1　森林观测样地设置及个体定位示意

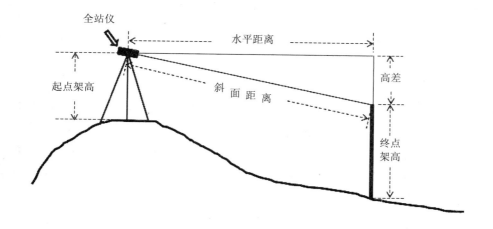

图 2　样地设置经纬仪（全站仪）应用示意

5.3.3.1.2 草本植物及 DBH＜1 cm 乔木和灌木植物观测

在每个 20 m×20 m 样方内随机或系统设置一个 1 m×1 m 样方，用于草本植物及 DBH＜1 cm 乔木和灌木植物观测；对 1 m×1 m 样方顶点编号并永久标记，边界用塑料绳临时标记。

5.3.3.2 灌丛

5.3.3.2.1 样地、样方设置

在选定的位置，用森林罗盘仪、测绳、卷尺或便携式激光测距仪确定 10 m×10 m 样地的方向（一般是正南北方向）和基线，并将样地划分为 5 m×5 m 小样方，作为灌木植物观测的基本单元；对 10 m×10 m 样方的顶点编号并永久标记，对 5 m×5 m 小样方顶点和边界用塑料绳或其他材料临时标记。

5.3.3.2.2 一般灌丛草本植物观测样地、样方设置

在 5 m×5 m 样方及 10 m×10 m 样方中心分别设置一个 1 m×1 m 样方，用于灌丛草本植物观测，并对 1 m×1 m 样方顶点编号并永久标记，边界用塑料绳或其他材料临时标记。

5.3.3.2.3 大型灌丛草本植物观测样地、样方设置

大于 10 m×10 m 的灌丛观测样地、样方设置以 5.3.3.2.2 的方法标定样地和设置草本观测样方。

5.3.3.3 草地

在选定的位置用卷尺或定制的模具设置 1 m×1 m 样方，对样方的顶点编号并永久标记，边界用塑料绳或其他材料临时标记。

5.3.3.4 样方永久标记

用于永久标记的材料应坚固耐用、不易移动或丢失，通常采用嵌有编号铝牌的钢筋水泥桩为材料，铝牌的编号应清晰、醒目，耐腐蚀和抗风化（图1）。大于等于 10 m×10 m 样方顶点的标记物横截面直径（或边长）应等于或小于 8 cm，较小样方顶点的标记物横截面直径（或边长）应等于或小于 4 cm。标记较小样方时，不可开挖土坑固定标记物，以免对样地造成干扰，应以土钻或其他不开挖的方式固定标记物。

5.4 野外数据采集

5.4.1 观测样地生境概况

5.4.1.1 概况描述

对样地所处地理位置、地形地貌、气候条件、土壤状况、植被状况、人类活动

状况等进行定性或定量描述（记录表参见附录 B）。

5.4.1.2 地理位置

用 GPS 定位仪确定观测样地的经纬度。对于森林，测定观测样地中心点的经纬度；对于灌丛和草地，测定每个观测样方中心点的经纬度。

5.4.1.3 地形地貌

5.4.1.3.1 海拔

对于森林，用海拔仪测量样地中心点的海拔作为观测样地的海拔；对于灌丛和草地，测定每个观测样方中心的海拔作为观测样地的海拔。

5.4.1.3.2 地貌特征

描述观测样地所在区域的地貌特征（记录表参见附录 K）。

5.4.1.3.3 坡度、坡向

用森林罗盘仪测定样地或样方所在坡面的平均坡度和坡向。对于森林样地，测量对象为整个样地；对于灌丛和草地群落，测量对象为每个样方。也可以从样地（样方）四个边界顶点的相对高差计算出观测样地平均坡度和坡向，计算方法参见附录 L。

5.4.1.3.4 坡位

观测样地在坡面的位置，分为六个等级：山脊、上坡、中坡、下坡、沟谷、平地。

5.4.1.4 气候条件

观测区域的年平均气温、年平均降水量、年最热月均温、年最冷月均温、无霜期、年积温等。

5.4.1.5 土壤状况

5.4.1.5.1 土壤剖面选择

在观测样地附近选择群落结构、生境及干扰相似、有代表性的地点采集和描述土壤剖面（记录表参见附录 C），并对剖面拍照、编号，作为数字化资料保存。

5.4.1.5.2 土壤剖面规格

剖面一般长 1.5 m、宽 0.8 m，深度根据是否达到母质层或地下水层确定；剖面观察面面向阳光。

5.4.1.5.3 土壤剖面采集

挖掘过程中将不同土层分开放置，剖面描述与样品采集结束后分土层回填；土壤剖面建立后，根据植物根系、土壤坚实度、土壤颜色、水分和盐酸（HCl）反应等因素划分土层；自下而上分层采集土壤样品，避免上层土壤采集对下层土壤样品的污染；用于描述土壤剖面形态特征的样品应保存于剖面盒中，保持原状，避免破碎和压实；用于分析土壤性质的样品，应在各层中部取样，避免影响样品的代表性。

5.4.1.5.4 土壤类型确定

依据土壤剖面特征，按照 GB/T 17296 的规定确定土壤类型。

5.4.1.5.5 母质类型

依据土壤剖面，确定观测样地的土壤母质类型。

5.4.1.5.6 土壤样品测试指标

测定土壤剖面各层土壤样品的 pH 值、有机碳、全氮、全磷、全钾等指标。

5.4.1.6 植被状况

描述观测样地所在区域的植被类型，观测样地的群落类型、群落优势物种、群落的层次结构、各层次优势物种等，并对植被状况拍照，作为电子资料保存。

5.4.1.7 动物活动状况

记录对观测样地群落结构有重要影响的鸟类、兽类及昆虫等类群的主要物种。

5.4.1.8 人类活动状况

记录描述观测样地人类活动的历史和现状，包括活动的方式、强度及持续时间。

5.4.2 森林植物观测方法

5.4.2.1 对胸径（DBH）≥1 cm 乔木、灌木植物的观测

5.4.2.1.1 观测内容

包括植物个体标记、定位，胸径、冠幅、枝下高测量，物候期、个体生长状态观测，以及物种鉴定等。

5.4.2.1.2 个体标记

（1）对个体（乔木、灌木）进行挂牌标记，每一个体有唯一的编号，相应的标牌称为"主牌"；其分枝的编号从阿拉伯数字 1 开始依次编号，相应标牌称为"副牌"。主牌编号一般以"样地号+20 m×20 m 样方号+样方内目标个体的顺序号"的方法进行。20 m×20 m 样方一般沿纵轴方向顺序编号（图 1）。标牌编号的位数根据样方内植物个体数量、群落演替阶段等情况确定，为长期观测新增个体保留足够的编号空间。标牌应坚固、耐用，编号应清楚、醒目、耐腐蚀和抗风化，标牌大小以 1.5 cm×4 cm 为宜，标牌窄边一侧有一个直径 3mm 的孔，用于标牌固定。

（2）对于胸径≥10 cm 的个体主干或分枝，一般用直径 2.5 mm、长度≥5 cm 的不锈钢钉穿入标牌孔径，固定在胸径测量位置以上 30 cm 处；钢钉斜向下与树干呈 70°～80°夹角，钉入树干约 1 cm，标牌位于钉帽端（图 3）；或用其他耐腐蚀、抗风

化、易操作的材料固定标牌。固定标牌的材料和方法原则上应耐用、不易丢失、易操作、对标定的植物个体、群落中其他生物及环境无伤害或污染。

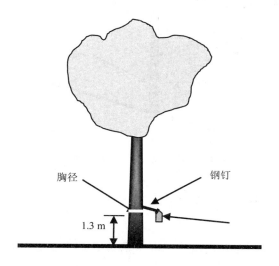

图3　胸径位置、钢钉固定标牌示意图

（3）对于胸径<10 cm 的个体主干或分枝，采用钢丝、铝丝或其他韧性强、易操作、耐腐蚀、不易风化的材料固定标牌。用钢丝或其他材料穿套标牌，并环绕个体主干或分枝将钢丝或其他材料环绕固定在枝杈处或以其他方式避免让圆环滑落地面；但不能将其缠绕在主干或分枝上，防止树干没有足够的生长空间而受伤；圆环大小应适中，确保下次观测前植株有足够的生长空间。

5.4.2.1.3　胸径测量

（1）枝干离地面 1.3 m 处为胸径测量的标准位置。

（2）对直立生长于坡面的个体，胸径位置确定以个体根茎处的上坡面为基准（图4）。

（3）对于在 1.3 m 以下发生分枝的个体，测量胸径时应区分主干和分枝；一般以直立、健康、较大胸径的枝为主干，其余按胸径大小顺序作为分枝。对于直立的主干或分枝，距地面垂直距离 1.3 m 处为胸径测量位置（图5中）；对于倾斜分枝，应沿枝干测量离地面的实际距离，而非垂直高度（图5右）。

（4）树干在胸径以下折断时，胸径测量以新萌生的枝干为测量对象（图6左）；树干在胸径以上折断时，胸径测量仍以原树干为对象（图6中）。

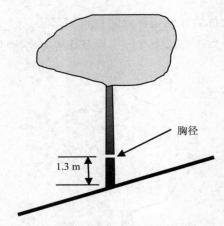

图 4　坡面个体胸径位置示意图

（5）对于倾斜或倒伏的树，从树干与地面较小夹角根茎处沿树干测量胸径位置（图 6 右）。

（6）对于胸径测量标准位置处有瘤状突起或非正常膨大（如恰好在分枝发生位置）的个体，测量位置应下移或上移（视具体情况而定）至正常树干位置（图 5 左），并记录胸径测量的位置（附录 D）。

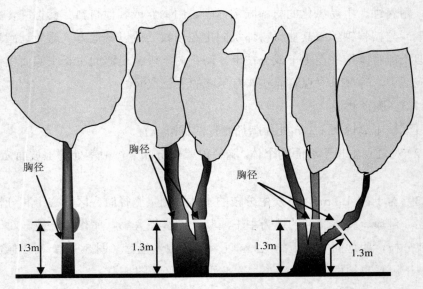

图 5　分枝和瘤状突起个体胸径测量位置示意图

（7）为长期、准确观测个体生长，用红漆标记胸径测量位置。标记一般位于枝干上坡面；标记须垂直于树干，宽 3 cm、长 1/3 胸围，最长为 30 cm；标记须均匀、鲜明、边界清楚，一般以标记的下边界为胸径测量位置。

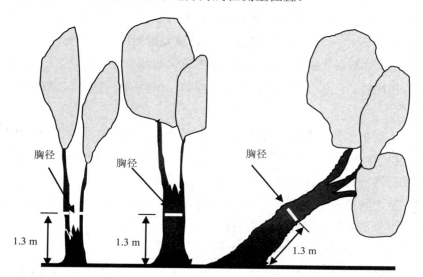

图 6　断头树和倾倒树胸径测量点示意图

（8）用胸径尺测量胸径。测量时，胸径尺必须紧贴并垂直于被测量枝干；胸径测量误差控制在 1 mm 以内。

5.4.2.1.4　个体定位

（1）确定个体定位的坐标系，一般以样地西南角为坐标原点，由南向北方向为纵轴（Y 轴），由西向东方向为横轴（X 轴）（图 1）。以 5 m×5 m 样方为个体定位的基本作业单元，每个单元有与整个样地相同的独立坐标系；5 m×5 m 样方沿纵轴方向顺序编号（图 1）。20 m×20 m 样方为观测的次级作业单元，样方沿纵轴方向顺序编号（图 1）。

（2）在每个基本作业单元，测量个体基部的中心垂直于两个坐标轴的水平距离，确定个体的位置。个体在整个样地的位置，通过坐标转换实现。

（3）多个根萌分枝的个体，其空间位置确定以个体主干为对象。个体定位的测量误差应＜10 cm。

5.4.2.1.5 冠幅测量

分别测量乔木、灌木个体树冠东西、南北两个方向的宽度。

5.4.2.1.6 重复（动态）观测

（1）重复观测准备：①检查 20 m×20 m 样方顶点永久标记物，并对受损标记物进行修复；②野外踏查估计前一次观测后样地植物个体的变化情况，从而估计新增胸径大于或等于 1 cm 植物个体的数量，估计重复观测所需新增标牌、铝丝、钢钉等材料的数量；③准备包括前一次观测数据的重复观测表格（附录 E）；④准备重复观测的工具和材料，包括卷尺、手持罗盘、标牌、不锈钢钉、铝丝、塑料绳、记录夹、铅笔等。

（2）基本作业单元重建：用卷尺或便携式激光测距仪、手持罗盘、PVC 管、塑料绳等，将 20 m×20 m 样方重新划分和临时标记为 5 m×5 m 基本作业单元；重复观测完成后将所有临时标记物移除，并作无害化处理。

（3）新增胸径大于或等于 1 cm 个体的观测：参照 5.4.2.1.2～5.4.2.1.5 的观测内容，个体定位参照最邻近个体原有坐标。

（4）死亡个体或分枝的重复观测：

a）观测生长状态和死亡原因，生长状态和死亡原因类别参见附录 E；

b）测量立枯和倒枯死亡个体或分枝的胸径，胸径测量参见 5.4.2.1.3.8；

c）核对物种名称；

d）核对异常坐标；

e）回收死亡个体或分枝的标牌、钢钉、铝丝或其他固定标牌的材料，主牌回收后封存，不再重复利用，副牌整理后可重复利用。

（5）其他个体或分枝的重复观测：

a）在原有胸径测量位置用红漆重新标记，严格按照原来标记进行，不得放大或缩小；

b）严格在原有胸径测量的位置测量胸径（参见 5.4.2.1.3.8）；

c）观测个体或分枝的生长状态；

d）检视标牌标记情况，因树木生长，胸径大于 10 cm，用不锈钢钉替换铝丝环重新固定标牌；因个体或分枝生长迅速，钢钉大部分被枝干包入，需拔出钢钉，用钢钉重新固定标牌；

e）枝干找到，但标牌丢失，需替补新的标牌，如果是主干，需在备注栏记录新的标牌号；

f）主干死亡，分枝存活，将主牌移到最有活力的分枝上，并明确在备注栏记录；

g）核对物种名称，若发现错误，及时纠正并记录；

h）核对坐标，发现异常，将正确坐标记录在备注中。

5.4.2.2 对胸径（DBH）<1 cm 乔木、灌木植物的观测

5.4.2.2.1 观测内容

在 1 m×1 m 样方中观测，内容包括植物个体标记、定位，基径、高度、冠幅测量，主干叶片数、根萌数、根萌叶片数的观测，生长状态观测，单个种盖度、样方总盖度的估计。

5.4.2.2.2 个体标记

对 1 m×1 m 样方内所有高度大于 10 cm 且胸径小于 1 cm 的木本植物（乔木、灌木）进行编号，编号以阿拉伯数字 1 开始顺序排列，以保证每棵幼苗均有唯一的编号；将标有编号的标牌固定在个体的基部，标牌应耐用、易操作、不对植物幼小个体造成伤害，如印有激光打印数字的塑料胶圈；如果植物个体太小，用铝丝将标有编号的标牌固定在个体附近进行标记。

5.4.2.2.3 个体定位

a）确定坐标系，一般以样方西南角为原点，以南—北边为纵轴（Y 轴），以西—东边为横轴（X 轴）；

b）用卷尺测量每个个体的坐标，精确到 mm。

5.4.2.2.4 高度

高度的测量，从着根处开始量至个体的顶点，精确到 mm。

5.4.2.2.5 冠幅

测量南-北、东-西两个方向个体树冠的宽度。

5.4.2.2.6 基径

用游标卡尺测量植物个体地面根茎部的直径。

5.4.2.2.7 叶片数量

直接计数植物个体叶片的数量，如果叶片数量大于 50，则记录>50；如果个体另外有子叶，则分开记录为"子叶数量+真叶数量"。

5.4.2.2.8 首次观测目标

首次观测，仅针对活的植物个体。

5.4.2.2.9 重复（动态）观测

a）准备包括前一次观测资料的表格（参见附录 F）；

b）对新增个体，按照 5.4.2.2.1～5.4.2.2.7 进行观测；

c）对死亡个体，如个体仍存在，测量其基径、高度，记录其生长状态，如个体已消失，仅记录其生长状态（参见附录 G）；

d）对高度超过 1.3 m，且胸径增长等于或大于 1 cm 的个体，最后一次在 1 m×1 m 样方中观测，测量其胸径、高度和叶片数。

5.4.2.3　草本植物观测

5.4.2.3.1　观测内容

在 1 m×1 m 样方中观测，观测内容包括物种名称、多度、平均高度和冠幅、物候、生活力、种盖度、样方总盖度等（参见附录 J）。

5.4.2.3.2　多度观测

采用目测估计法，采用德式（Drude）多度等级进行估计（附录 N）。

5.4.2.3.3　盖度

分别观测单个物种盖度，同时估计整个样方的总盖度。

5.4.2.4　林冠结构和盖度测量

5.4.2.4.1　林冠高度

在 5 m×5 m 样方的四个角测量林冠高度。

5.4.2.4.2　测量点林冠低于 15 m

若测量点上林冠低于 15 m，可用测高杆直接测量。测量时，两人一组，一人负责保持测高杆直立、伸缩测高杆和读取数据，一人负责观察测高杆顶端是否到达林冠并记录数据。

5.4.2.4.3　测量点林冠高于 15 m

若测量点上林冠高于 15 m，用激光测距仪配合测量林冠高度。

5.4.2.4.4　测量点上无林冠覆盖

如果测量点上无林冠覆盖，在此点的林冠高度记录为 0。如果测量点被倒木覆盖但倒木依然存活，倒木叶子的覆盖高度依然可认为是此点的林冠高度。

5.4.2.4.5　林冠数据处理

根据所有 5 m×5 m 观测点的林冠高度数据，利用地统计学中的 Kriging 插值法获得整个观测样地的林冠结构分布图。

5.4.2.4.6　群落（样地）的总盖度

群落（样地）的总盖度为样地内所有植物覆盖地面投影面积的百分率，包括乔木、灌木、草本；通常沿样地对角线系统地选取 10～20 个点以目测法观测各点的总盖度，其平均值作为群落的总盖度。

5.4.3 灌丛植物观测方法

5.4.3.1 对高大灌丛植物的观测

当灌丛群落灌木植物高大、高度超过 1.3 m、胸径大于或等于 1 cm 时，灌木、草本植物的观测参照森林群落的观测方法。

5.4.3.2 对低矮灌丛植物的观测

5.4.3.2.1 灌木植物观测

（1）当灌木植物大部分高度小于 1.3 m 或胸径小于 1 cm 时，观测内容包括个体（丛）标记、定位，个体（丛）高度和冠幅，物候期、每个灌木种的盖度，样方灌木总盖度，及个体（丛）生长状态。

（2）个体（丛）标记：每个个体（丛）有唯一的标牌编号，一般以"样方号+个体顺序号"进行编号，编号位数应为长期观测新增个体保留足够的编号空间；标牌的规格参见 5.4.2.1.2（1）；用耐腐蚀、抗分化、有韧性、易操作的材料，如细铝丝固定标牌，固定方法参见 5.4.2.1.2（3）。

（3）个体（丛）定位：在 5 m×5 m 基本作业单元内进行，定位方法见 5.4.2.1.4，个体（丛）的坐标指其基部的中心垂直于两个坐标轴的水平距离。

（4）个体（丛）高度：测量从根茎地面到个体（丛）顶端的垂直距离。

（5）个体（丛）冠幅：测量南-北、东-西两个方向个体（丛）树冠的宽度。

（6）重复（动态）观测：

a）准备包括前一次观测资料的表格（附录 H）；

b）对新增个体（丛）按照 5.4.3.2.1（1）～（5）进行观测；

c）对死亡个体（丛），只记录生长状态，标牌和固定材料取回；

d）对其他个体（丛），测量高度、冠幅、种盖度，记录生长状态，并观测样方总盖度（记录表参见附录 I）。

5.4.3.2.2 草本植物观测

在 1 m×1 m 小样方进行，参见 5.4.2.3。

5.4.4 草地植物观测方法

在 1 m×1 m 小样方进行，参见 5.4.2.3。

5.4.5 植物物种鉴定

a）所有个体应鉴定到种水平；

b）对观测现场不能鉴定或有疑问的种，须采集标本、拍照、记录植物个体编号，请分类专家鉴定，标本采集按照 HJ 628 的规定执行；

    c）对疑难种，需多次野外采集不同生长发育时期，包括花、果的标本，以准确鉴定物种，标本采集按照 HJ 628 的规定执行；

    d）对采集的标本，特别是疑难物种的标本进行制作，做永久保存。

6 观测内容和指标

6.1 乔木：植物种类、种群大小、种群动态、胸径、枝下高、冠幅、分枝、物候期、生长状态、群落的物种多样性、人为干扰活动的类型和强度等。

6.2 灌木（丛）：植物种类、种群大小、种群动态、胸径/冠幅、盖度、物候期、生长状态、群落物种多样性、人为干扰活动的类型和强度等。

6.3 草本植物：植物种类、多度（丛）、平均高度、盖度、物候期、生活力、群落物种多样性、人为干扰活动的类型和强度等。

7 观测时间和频次

7.1 可在植物生长旺盛期进行植物观测，一般为夏季。

7.2 对于森林群落，胸径大于或等于 1 cm 的乔木、灌木每 5 年观测一次；胸径小于 1 cm 的乔木、灌木每年一次或两次；灌丛群落灌木植物每 3 年观测一次；草本植物每年观测一次。

7.3 观测时间一经确定，应保持长期不变，以利于对比年际间数据。

7.4 可因观测目的及科学研究的需要，在原有观测频率的基础上增加观测频次。

8 数据处理和分析

数据处理和分析方法参见附录 P。

9 质量控制和安全管理

9.1 样地设置环节的质量控制。严格按照本标准要求进行样地的选址、设置和采样设计，对样地选取依据与过程、样地本底调查等操作进行详细、如实地记录。

9.2 野外观测与采样环节的质量控制。观测者应掌握野外观测标准及相关知识，熟练掌握所承担观测项目的操作规程，严格按照观测标准要求在适当的采样时间，完成规定的采样点数、样方重复数。

9.3 数据记录、整理与存档环节的质量控制。规范填写观测数据，完好保存原始数据记录。原始数据不得涂改，若有错误需要改正时，可在原始数据上画一横线，再在其上方填写改正的数据，并签上数据记录者的姓名以示负责。原始记录、数据整理过程记录及过程数据都需要建档并存档。

9.4 数据备份。所有长期观测数据和文档需进行备份（光盘、硬盘），保证数据的安全性。每半年检查并更新、备份数据一次，防止由于储存介质问题引起数据丢失。

10 观测报告编制

维管植物观测报告包括前言，观测区域概况，观测方法，观测区域维管植物的种类组成、区域分布、种群动态、面临的威胁，对策建议等。观测报告编写格式参见附录 Q。

附 录 A

（资料性附录）

观测样地（样方）测量记录表

标准中观测样地（样方）测量记录表参见表 A.1。

表 A.1 观测样地（样方）测量记录表

样地名称：_____ 样地（样方）号：_____ 观测者：_____

记录者：_____ 录入者：_____ 观测日期：____年___月___日

起点	终点	起点架高/m	终点架高/m	水平距/m	斜距/m	高差/m	备注

附 录 B

（资料性附录）

观测样地概况信息调查表

标准中样地概况信息调查记录参见表 B.1。

表 B.1　观测样地概况信息调查表

类目		内　容
观测单位		
观测者		
观测日期		
观测样地名称		
观测样地代码		
观测样地类型		森林（　）　　灌丛（　）　　草地（　）
地理位置		＿＿＿＿省（市、自治区）＿＿＿＿县＿＿＿乡（镇）＿＿＿＿＿村 经度：＿＿＿＿＿＿＿＿＿＿＿ 纬度：＿＿＿＿＿＿＿＿＿＿＿
观测样地建立时间		
样地面积和形状		
气候条件		
地形地貌	海拔	
	地貌状况	
	坡度	
	坡向	
	坡位	
土壤状况	土壤类型	
	土壤母质	
	土壤剖面特征	
植被状况	区域植被类型	
	群落类型	
	群落层次结构及各层优势物种	
	演替阶段	
动物活动状况		
人为干扰活动类型和强度		

填写说明：

1）地貌状况描述参见附录 K。

2）人为干扰活动类型和强度参见附录 O。

附　录　C

（资料性附录）

土壤剖面特征调查表

标准中土壤剖面特征调查记录参见表 C.1。

表 C.1　土壤剖面特征调查表

观测样地名称：＿＿＿＿＿＿＿＿＿＿＿＿　观测样地代码：＿＿＿＿＿＿＿＿＿＿＿＿

剖面采集日期：＿＿＿＿＿＿＿　剖面采集人：＿＿＿＿＿＿＿　采集天气状况：＿＿＿＿＿

项目			层　次				
层次代码							
层次名称							
层次深度							
剖面描述	向下过渡	明显程度					
		过渡形态					
	颜色						
	结构						
	坚实度						
	容重/（g/cm^3）						
	新生体						
	侵入体						
	根量						
机械组成	$D>2$ mm/%						
	2 mm$\geq D>$0.02 mm/%						
	0.02 mm$\geq D>$0.002 mm /%						
	$D\leq$0.002 mm/%						
	质地						
化学性状	有机质/（g/kg）						
	全　氮/（g/kg）						
	全　磷/（g/kg）						
	全　钾/（g/kg）						
	pH 值						
	碳酸钙/（g/kg）						
土壤野外定名							

土壤最终定名	
采样记事	

注：颜色——土壤在自然状态的颜色，如果土壤由多个颜色混合而成，主要颜色放在后面，次要颜色放在前面。

结构——将一大块土轻轻捏碎，根据碎块形状及大小，分为三种类型：横轴与纵轴大致相等，分为块状、团块状、核状及粒状等结构；横轴大于纵轴者，分为片状和板状结构；横轴小于纵轴者，分为柱状和棱柱状结构。

坚实度——自然状态下土壤的坚实程度，用土壤坚实度仪按照 LY/T 1223 的规定测量。

新生体——土壤形成过程中产生的物质，反映土壤形成的特点，在观察土壤剖面时，对其种类、形状及数量要详细记载，常见的新生体有铁锰结核、铁锰胶膜、二氧化硅粉末、锈纹锈斑、假菌丝、砂姜等。

植物根系——土壤各层根系分布的多少，分为四级：少、中、多、很多。

发生层次——根据土壤剖面的颜色、结构、质地坚实度及新生体的不同来划分层次，描述时要反映出其出现部位和厚度。1）包括枯枝落叶层（O）：由枯枝落叶形成的、未分解或有不同程度分解的有机物层；2）淋溶层（A）：受生物气候或人类活动影响形成的有机物积累和物质淋溶表层，有机质含量高，颜色较暗黑，该层常发生水溶性物质向下淋溶的作用；3）沉积层（B）：硅酸盐黏粒、氧化铁、氧化铝、碳酸盐、其他盐类和腐殖质等物质聚集的淀积层；4）母质层（C）：由岩石风化碎屑残积物或运积物构成，很少受生物作用影响，成土作用不明显，基本上保持母岩的特点；5）母岩层（R）：土壤母质下未分化的岩石。

D——土壤颗粒有效直径。

质地——土壤的砂黏程度，采用国际制土壤质地分级标准。

土壤容重、有机质、pH 值分别按照 NY/T 1121.4、NY/T 1121.6 和 NY/T 1377 的规定测定；土壤全氮按照 NY/T 1121.24 的规定测定；土壤全磷、全钾分别按照 NY/T 88 和 NY/T 87 的规定测定；土壤定名按照 GB/T 17296 的规定执行。

附 录 D

（资料性附录）

森林样地胸径等于或大于 1 cm 乔木和灌木植物记录表

标准中森林样地胸径等于或大于 1 cm 乔木和灌木植物观测记录参见表 D.1。

表 D.1 森林样地胸径等于或大于 1 cm 乔木和灌木植物记录表

样地名称：_____ 样地代码：_____ 样地大小：_____ 20 m×20 m 样方号：_____ 总盖度：_____

观测者：_____ 记录者：_____ 录入者：_____ 观测日期：_____ 年_____ 月_____ 日

5 m×5 m 样方号	标牌号	中文名	学名	枝干级别	胸径/cm	胸径位置/m	X坐标/m	Y坐标/m	冠幅 SN/m	冠幅 EW/m	枝下高/m	物候期	生长状态	备注

说明:

1) 枝干级别:表示枝干的级别类型,0—主干,1—第一分枝,2—第二分枝,依此类推。

2) 生长状态:表示主干或分枝生长的状态,包括如下类型:A—枝干存活,正常,无折断枯梢;L—主干存活,但倾斜;Q—枝干活,1.3 m以上折断;X—枝干活,从1.3 m以下折断;W—枝干活,1.3 m以上枯梢;XW—枝干活,从1.3 m以下枯梢;S—立枯;C—倒枯;T—只找到树牌,树缺失;N—树牌和树均未找到;P—枝干活,找到原树,但树牌遗失;SP—立枯,找到原树,但树牌遗失;CP—倒枯,找到原树,但树牌遗失。

3) 枝下高即干高,是指树干上最大分枝处的高度,这一高度大致与树冠的下缘接近,干高的估测与树高相同。

附　录　E

（资料性附录）

森林样地胸径等于或大于 1 cm 乔木和灌木重复（动态）观测记录表

标准中森林样地胸径等于或大于 1 cm 乔木和灌木重复（动态）观测记录参见表 E.1。

表 E.1　森林样地胸径等于或大于 1 cm 乔木和灌木第＿＿＿次重复（动态）观测记录表

样地号：＿＿＿　　5 m×5 m 样方号：＿＿＿　　20 m×20 m 样方号：＿＿＿　　观测者：＿＿＿　　记录者：＿＿＿　　录入者：＿＿＿

标牌号	物种名称 0	物种名称 1	X坐标/m	Y坐标/m	枝干级别	胸径0/cm	胸径1/cm	冠幅SN/m	冠幅EW/m	物候期	生长状态0	生长状态1	死亡原因	日期	备注

填表说明:

1) 表格中出现后缀"1"的列及"冠幅SN","冠幅EW","物候期","死亡原因","日期"和"备注"为重复观测数据将要填写的列；出现后缀"0"的列及其他列为前一次观测数据，前一次观测数据直接在表格中打印出来。

2) 生长状态：表示主干或分枝的生长状态，包括如下类型：A–枝干存活，正常，无折断枯梢；L–主干存活，1.3 m以上折断；X–枝干存活，从1.3 m以下折断；W–枝干存活，1.3 m以下枯梢；XW–枝干存活，从1.3 m以下干枯；S–立枯；C–倒枯，只找到剥树牌，树缺失；N–树牌和树均未找到；P–枝干活，找到原树，但树牌遗失；SP–立枯，找到原树，但树牌遗失；CP–倒枯，找到原树，但树牌遗失。

3) 死亡原因：根据枝干死亡的状态，周围环境及重要的气候或干扰时间判断枝干死亡的原因，包括如下类型：D–干旱；FL–洪水；FR–林火；WR–因风枝干折断；NR–树木风倒造成相邻树连根拔起；NB–树木风倒造成相邻树枝干折断；TS–雷击；CP–攀缘植物压迫；ST–绞杀；CM–邻木竞争；PG–病原体或食草动物；SR–因雪灾，冻雨连根拔起；SB–因雪灾，冻雨枝干折断；SNR–树木因雪灾、冻雨压倒造成相邻树连根拔起；SNB–树木雪灾、冻雨压倒造成相邻树枝干折断；OT–其他。

4) 重复观测发现前一次物种鉴定有错误，将正确物种名称记录在"物种名称1"栏，否则"物种名称1"栏为空。

5) 前一次坐标标记有错误，将正确坐标记录在备注中。

6) 主干死亡，将主牌移到生长最好的分枝上，用箭头在备注中说明，比如主牌从主干移到分枝1上，记录为"0 → 1"。

7) 新增胸径等于或大于1 cm的主干或分枝，记录在没有前一次观测数据的空白表上；物种名称、胸径、冠幅、生长状态均记录在有后缀"1"的列上。

附 录 F

（资料性附录）

森林样地胸径小于 1 cm 乔木和灌木观测记录表

标准中森林样地胸径小于 1 cm 乔木和灌木观测记录记录参见表 F.1。

表 F.1 森林样地胸径小于 1 cm 乔木和灌木观测记录表

样地名称：　　　　　　　　　　　样地代码：　　　　　　　　　　植物群落名称：　　　　　　　　　　样地大小：

观测者：　　　　　　　　　　记录者：

样方号	标牌号	中文名	学名	X 坐标/m	Y 坐标/m	基径/cm	高度/cm	冠幅 SN/cm	冠幅 EW/cm	主干叶片数	根萌数	根萌叶片数	种盖度	样方总盖度	物候期	生长状态	日期	备注

填写说明：

1) 生长状态：指乔木、灌木的生长状态，包括如下类型：A-生长健康、枝干正常；W-枯梢；B-枝干折断。

2) 根萌：从植物个体根部萌蘖产生的枝条。

3) 根萌数：根萌枝条的个数。

4) 根萌叶片数：根萌枝条上叶片的数量。

5) 主干叶片数：植物个体主干所承载的叶片的数量。

附 录 G

（资料性附录）

森林样地胸径小于 1 cm 乔木和灌木重复（动态）观测记录表

标准中森林样地胸径小于 1 cm 乔木和灌木重复（动态）观测记录参见表 G.1。

表 G.1 森林样地胸径小于 1 cm 乔木和灌木第_____次重复（动态）观测记录表

观测样地名称：_____ 观测样地代码：_____ 植物群落名称：_____ 观测样地大小：_____

观测者：_____ 记录者：_____

样方号	标牌号	物种名称 0	物种名称 1	X 坐标/m	Y 坐标/m	基径 0/cm	基径 1/cm	高度 0/cm	高度 1/cm	冠幅 SN/m	冠幅 EW/m	主干叶片数	根萌数	根萌叶片数	种盖度/%	样方总盖度/%	物候期	生长状态 0	死亡原因	备注
																		生长状态 1	日期	

填写说明：

1) 表格中出现后缀"0"的列及"样方号"，"标牌号"，"X坐标"，"Y坐标"为前一次观测数据，这些数据直接在表格中打印出来；出现后缀"1"的列及其他列为重复观测数据要填写的列。

2) 生长状态：表示乔、灌木的生长状态，包括如下类型：A-生长健康，枝干正常；W-枯梢；B-枝干折断；D-死亡；T-只找到树牌，树缺失；N-树牌和树都均未找到。

3) 死亡原因：根据个体死亡状态，周围环境及干扰情况判断死亡原因，包括如下类型：D-干旱；FL-洪水；FR-林火；CM-竞争；P-病原体；G-动物啃食；SI-冻害；OT-其他。

4) 前一次物种鉴定有错误，将正确名称记录在"物种名称1"栏，否则"物种名称1"栏为空。

5) 前一次坐标测定有错误，将正确坐标记录在备注中。

6) 新增个体观测记录在空白表上：物种名称、基径、高度、生长状态均记录有后缀"1"的列中。

附 录 H

（资料性附录）

矮小灌丛群落灌木植物观测记录表

标准中矮小灌丛群落灌木植物观测记录参见表 H.1。

表 H.1 矮小灌丛群落灌木植物观测记录表

样地名称：＿＿＿＿＿＿ 样地代码：＿＿＿＿＿＿ 植物群落名称：＿＿＿＿＿＿ ＿＿＿＿＿＿ 10 m×10 m 样方号：＿＿＿＿＿＿

观测者：＿＿＿＿＿＿ 记录者：＿＿＿＿＿＿ 观测日期：＿＿＿＿＿＿ 年＿＿月＿＿日

5 m×5 m 样方号	标牌号	中文名	学名	X坐标/ m	Y坐标/ m	高度/ cm	冠幅 SN/ cm	冠幅 EW/ cm	种盖度/ %	样方总盖度/ %	物候期	生长状态	备注

填写说明：生长状态：矮小灌木的生长状态，包括如下类型：A–生长健康，枝干正常；W–枯梢；B–枝干折断。

附 录 I

（资料性附录）

矮小灌丛群落灌木植物重复（动态）观测记录表

标准中矮小灌丛群落灌木植物重复（动态）观测记录参见表 I.1。

表 I.1 矮小灌丛群落灌木植物第_____次重复（动态）观测记录表

样地名称：_____　　　样地代码：_____　　　植物群落名称：_____

观测者：_____　　　记录者：_____　　　观测日期：_____年_____月_____日　　　10 m×10 m 样方号：_____

5 m×5 m 样方号	标牌号	物种名称0	物种名称1	X坐标/m	Y坐标/m	高度0/cm	高度1/cm	冠幅SN0/cm	冠幅SN1/cm	冠幅EW0/cm	冠幅EW1/cm	种盖度%	样方总盖度%	物候期	生长状态0	生长状态1	死亡原因	备注

填写说明：

1) 表格中出现后缀 "0" 的列及 "样方号"，"标牌号"，"X 坐标"，"Y 坐标" 为前一次观测数据，这些数据直接在表格中打印出来；出现后缀 "1" 的列及其他列为重复观测数据将要填写的列。

2) 生长状态：表示矮小灌木的生长状态，包括如下类型：A—生长健康，枝干正常；W—枯梢；B—枝干折断；D—死亡；T—只找到标牌，个体（丛）缺失；N—标牌和个体（丛）均未找到。

3) 死亡原因：根据个体死亡状态，周围环境及干扰情况判断死亡原因，包括如下类型：D—干旱；FL—洪水；FR—林火；CM—竞争；P—病原体；G—动物啃食；SI—冻害；OT—其他。

4) 前一次物种鉴定有错误，将正确名称记录在 "物种名称 1" 栏，否则 "物种名称 1" 栏为空。

5) 前一次坐标测定有错误，将正确坐标记录在备注中。

6) 新增个体观测记录在空白表上；物种名称、基径、高度、生长状态均记录在有后缀 "1" 的列中。

附 录 J

（资料性附录）

草本植物种类组成调查记录表

标准中草本植物种类组成调查记录参见表 J.1。

表 J.1　草本植物种类组成调查记录表

样地名称：＿＿＿＿＿＿　样地代码：＿＿＿＿＿　1 m×1 m 样方号：＿＿＿＿＿

植物群落名称：＿＿＿＿＿＿

观测者：＿＿＿＿＿＿　记录者：＿＿＿＿＿　观测日期：＿＿＿年＿＿月＿＿日

序号	中文名	学名	多度	平均高度/cm	平均冠幅 SN/cm	平均冠幅 EW/cm	种盖度/%	样方总盖度/%	物候期	生活力	备注

附录 A-J 填写说明：

（1）维管植物的冠幅是指投影在地面东西和南北两个方向冠幅宽度的平均值，观测时测量东西方向冠幅宽度（冠幅 EW）和南北方向冠幅宽度（冠幅 SN）。

（2）维管植物物候期的划分以及维管植物物候期的记录规范参见附录 M。

（3）维管植物生活力分为三个等级，判别依据主要根据观测者的实地目测：

强：植物发育良好，枝干发达，叶子大小和色泽正常，能结实或有良好的营养繁殖。

中：植物枝叶的发育和繁殖能力都不是很强，或者营养生长虽然较好但不能正常结实繁殖。

弱：植物达不到正常的生长状态，显然受到抑制，甚至不能结实。

（4）维管植物盖度包括总盖度、层盖度、种群盖度和个体盖度，其中：

1）总盖度是指一定样地面积内所有生长的植物覆盖地面的百分率，包括乔木层、灌木层、草本层的各层植物。实际观测中，总盖度数据通常根据经验目测获得。

2）层盖度指各分层的盖度，包括乔木层盖度、灌木层盖度、草木层盖度等。实际观测中，层盖度数据根据经验目测获得。

3）种群盖度指群落各层中同种植物所有个体的覆盖地面的百分率。维管植物种群盖度一般用投影盖度表示，指同种植物植冠在一定地面所形成的垂直投影覆盖面积占地表水平（垂直投影）面积的比例，投影盖度按下式计算：

$$C_c = \frac{C_i}{A} \times 100$$

式中：C_c——投影盖度，%；

　　　C_i——样方内某种植物的植冠投影面积之和，m^2；

　　　A——样方水平面积，m^2。

附 录 K

（资料性附录）

地貌类型

标准中地貌类型调查记录参见表 K.1。

表 K.1 地貌类型

序号	名称	代码	定义
1	高山	001	高山，海拔>3 500 m
2	中山	002	中山，海拔 1 000～3 500 m
3	低山	003	低山，海拔<1 000 m
4	岗地	004	岗地，海拔<100 m，起伏度 10～60 m，坡度 5°～15°
5	洪积扇	005	干旱、半干旱地区间歇性洪流在沟口形成的扇状堆积体
6	高丘	011	高丘，起伏高度 100～200 m
7	低丘	012	低丘，起伏高度<100 m
8	台地	021	台地，起伏高度一般>30 m
9	冲积平原	031	河流冲积沉积作用形成的平原，起伏度一般<30 m
10	湖积平原	032	由湖泊堆积作用形成的平原，起伏度一般<30 m
11	海岸平原	033	地势低平，向海缓缓倾斜的沿海地带，起伏度一般<30 m
12	三角洲	034	河流在入海或湖时，由河流泥沙淤积形成的扇形平原
13	河漫滩	035	河谷底部河床两侧，大汛时常被洪水淹没的平坦低地
14	高原	041	海拔一般>1 000 m，面积广大，外围较陡的高地或高平原
15	砂丘地	051	砂丘地
16	沼泽地	052	沼泽地

附 录 L
（资料性附录）
样地坡度计算方法

观测样地坡度为样地任意三个边界顶点组成斜面与水平面夹角的平均值。每个斜面与水平面的夹角算法如下：

$$\cos(\theta) = \frac{L}{\sqrt{Z_1^2 + Z_2^2 + L^2}}$$

式中：θ——任意斜面与水平面的夹角；

Z_1、Z_2——任意三个顶点中最低点与另外两顶点的高差；

L——样方的水平投影边长。

用森林罗盘仪测定，或根据观测样地四个边界顶点的海拔，计算样地的坡向，算法如下：

$$\text{Aspect} = 180° - \arctan\frac{f_x}{f_y} + 90° \frac{f_x}{|f_x|} + \theta$$

式中：f_x——样地东—西（或东南—西北）方向顶点之间的高差；

f_y——样地南—北（或西南—东北）方向顶点之间的高差；

θ——样地西南—东北方向边线与正北方夹角，顺时针为正值，逆时针为负值；

$f_x = E3 + E4 - E1 - E2$；

$f_y = E2 + E3 - E1 - E4$。

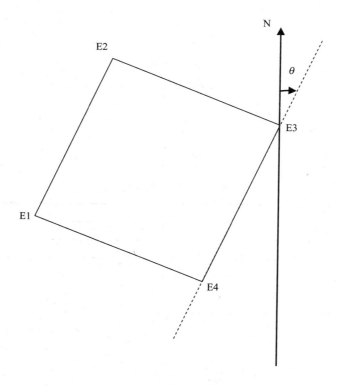

附 录 M

（资料性附录）

物候期表示方法

标准中物候期调查记录参见表 M.1。

表 M.1 物候期表示方法

编号	物候期		代码
1	营养期		—
2	花蕾期或抽穗期		∧
3	开花期	初花	⊃
		盛花	O
		末花	⊂
4	结果期或结实期	初果	⊥
		盛果	+
		末果	⊤
5	落果期、落叶期或枯黄期		#
6	休眠期或枯死期		∨

附 录 N

（资料性附录）

德氏（Drude）多度级

标准中德氏多度级记录参见表 N.1。

表 N.1 德氏（Drude）多度级

多度等级	描述	符号
7	植物数量极多，植物密集，形成背景	Sor
6	植物数量很多	Cop3
5	植物数量多	Cop2
4	植物数量尚多	Cop1
3	植物数量不多，散布	Sp.
2	植物数量稀少，偶见	Sol.
1	植物在样方里只有 1 株或 2 株	Un.

附 录 O

（资料性附录）

人为干扰活动分类表

标准中人为干扰活动分类记录参见表 O.1。

表 O.1 人为干扰活动分类表

干扰类型		干扰强度
A. 开发建设	1. 房地产开发	分为强、中、弱、无四个等级
	2. 公路建设	
	3. 铁路建设	□ 强：生境受到严重干扰；植被基本
	4. 矿产资源开发（含采石、挖沙等）	消失；野生动物难以栖息繁衍
	5. 旅游开发	
	6. 管线、风电、水电、火电、光伏发电、河道整治等开发建设活动	□中：生境受到干扰；植被部分消失，但干扰消失后，植被仍可恢复；野生动物栖息繁衍受到一定程度影响，但仍然可以栖息繁衍
B. 农牧渔业活动	1. 围湖造田	
	2. 围湖造林	
	3. 填海造地	□弱：生境受到一定干扰；植被基本保持原样；对野生动物栖息繁衍影响不大
	4. 草地围栏	
	5. 毁草开垦	
	6. 毁林开垦	
C. 环境污染	1. 水污染	□无：生境没有受到干扰；植被保持原始状态；对野生动物栖息繁衍没有影响
	2. 大气污染	
	3. 土壤污染	
	4. 固体废弃物排放	
	5. 噪声污染	
D. 其他	1. 放牧（全年放牧、冷季放牧、暖季放牧、春秋放牧等）	
	2. 砍伐（皆伐、择伐、渐伐）	
	3. 采集	
	4. 狩猎	
	5. 火烧	
	6. 道路交通等	

附 录 P

（资料性附录）

数据处理和分析方法

P.1 重要值

重要值是评价植物种群在群落中的地位和作用的一项综合性指标，按式（1）计算，分别对乔木、灌木、草本植物进行评价；对于森林和灌丛群落，分别对胸径大于或等于 1cm，及胸径小于 1 cm 的乔木和灌木进行重要值评价。

$$IV=RCO+RFE+RDE \tag{1}$$

式中：IV——重要值；

　　　RCO——相对盖度或相对胸高断面积，%；

　　　RFE——相对频度，%；

　　　RDE——相对密度，%。

相对盖度按式（2）计算：

$$RCO = \frac{C_i}{\sum C_i} \times 100 \tag{2}$$

相对频度按式（3）计算：

$$RFE = \frac{F_i}{\sum F_i} \times 100 \tag{3}$$

相对密度按式（4）计算：

$$RDE = \frac{D_i}{\sum D_i} \times 100 \tag{4}$$

式中：C_i——样方中第 i 种植物的盖度，%，或胸高断面积之和，m²；

　　　$\sum C_i$——所有植物种盖度之和，%，或胸高断面积之和，m²；

　　　F_i——第 i 种植物的频度，%；

　　　$\sum F_i$——所有植物种的总频度，%；

D_i——样方内第 i 种植物的密度，株/m²；

$\sum D_i$—— 群落所有植物群落密度的总和，株/m²。

P.2 α多样性的测度方法

α多样性是指在栖息地或群落中的物种多样性，用以测度群落内的物种多样性。测度α多样性采用物种丰富度（物种数量）、辛普森（Simpson）指数、香农-威纳（Shannon-Wiener）指数和皮洛（Pielou）均匀度指数。

P.2.1 辛普森指数（D）按式（5）计算：

$$D = 1 - \sum P_i^2 \qquad (5)$$

式中：P_i——物种 i 的个体数占样地内总个体数的比例，$i=1$，2，…，S。

S——物种种类总数，个。

P.2.2 香农-威纳指数（H'）按式（6）计算：

$$H' = -\sum P_i \ln P_i \qquad (6)$$

P.2.3 均匀度指数按式（7）和式（8）计算：

皮洛均匀度指数 1 $\qquad\qquad J_{sw} = -\sum P_i \ln P_i / \ln S \qquad (7)$

皮洛均匀度指数 2 $\qquad\qquad J_{si} = (1 - \sum P_i^2) / (1 - 1/S) \qquad (8)$

P.3 β多样性的测度方法

β多样性是指沿着环境梯度的变化物种替代的程度，用以测度群落的物种多样性沿着环境梯度变化的速率或群落间的多样性，可用科迪（Cody）指数和种类相似性指数等表示。森林群落在 20 m×20 m 尺度上观测样方之间乔、灌木植物的β多样性，在 1 m×1 m 尺度上观测胸径小于 1 cm 的乔、灌木植物及草本植物在 1 m×1 m 之间的β多样性；灌丛群落观测 10 m×10 m 样方内 5 m×5 m 小样方间及 10 m×10 m 样方之间的β多样性；草地群落观测 1 m×1 m 样方之间草本植物的β多样性。

P.3.1 科迪指数按式（9）计算：

$$\beta_c = \frac{[g(H) + l(H)]}{2} \qquad (9)$$

式中：β_c——科迪指数；

$g(H)$——沿生境梯度 H 增加的物种数目，个；

$l(H)$——沿生境梯度 H 失去的物种数目，即在上一个梯度中存在而在下一个梯度中没有的物种数目，个。

P.3.2　种类相似性指数

当 A、B 两个群落（或样地）的种类完全相同时，相似性为 100%；反之，两个群落（或样地）不存在共有种，则相似性为零。索仁森（Sørensen）指数按公式（10）计算：

$$C_s = \frac{2j}{a+b} \tag{10}$$

式中：C_s——索仁森指数，%；

　　　j——两个群落或样地共有种数，个；

　　　a——样地 A 的物种数，个；

　　　b——样地 B 的物种数，个。

附　录　Q

（资料性附录）

维管植物观测报告编写格式

维管植物观测报告由封面、目录、正文、致谢、参考文献、附录等组成。

Q.1　封面

包括报告标题、观测单位、编写单位及编写时间等。

Q.2　报告目录

一般列出二到三级目录。

Q.3　正文

包括：

（1）前言；

（2）观测区域概况；

（3）观测目标；

（4）工作组织；

（5）观测方法（生物多样性相关术语参见 HJ 623）；

（6）维管植物的种类组成、区域分布、种群动态、面临的威胁等；

（7）对策建议。

Q.4　致谢

Q.5　参考文献

按照 GB/T 7714 的规定执行。